技術屋が語る

ユーザーとオーナーのための

エレベーター読本

鈴木孝夫

まえがき　エレベーターと向き合った50年

生まれてから一度もエレベーターに乗ったことがない、という人はまずいないでしょう。お住まいのマンション、勤務先、取引先、ご友人のお宅、官公庁、駅、空港、ショッピングセンター。町中の至るところにエレベーターはあり、私たちはごく身近な乗り物として、毎日何度も利用しています。

ところが……。

ほとんどの方は、その安全性をあまり気にすることなくエレベーターを利用されています。もちろんそれは、「エレベーターは安全」という認識があるからなのでしょう。しかし、改めて考えてみると、十数メートル、ときには100メートルを超えて垂直移動するそのカゴに命を預けているのです。そう聞くと、「あれ？　エレベーターってどんな仕組みなのだろう？」「落ちることは本当にないのかな？」などと気になってきませんか？

本書は、そんな素朴な疑問に答える本です。エレベーターの構造や安全性、メンテナンスの仕組み、安全基準や法律のこと、さらには、「へぇ〜」と驚くエレベーターにまつわるトピックスも紹介します。

特に、自然災害大国・日本に合わせ、本書では、「災害時にエレベーターがどうなるか」について多くのページを割いています。地震、台風、落雷、ゲリラ豪雨——。そのときにどう対処すべきかを多くの方に知っていただければと思います。

そのような趣旨から、本書は、エレベーターを管理するビルオーナーや管理組合の方、関連事業者だけでなく、一般ユーザーも視野に入れ、イラストも豊富に分かりやすくまとめました。エレベーターを知るなら、この一冊で十分です。ぜひ、楽しみながらページをめくってみてください。

◇

さて、ここで著者である私についても自己紹介させてください。

私はエス・イー・シーエレベーター株式会社（以下、SECエレベーター）というエレベーター保守メンテナンス会社の創業者です。

当社は現在、全国で約4万5000台のエレベーターを保守管理しています。どこのメーカーにも属さない「独立系」の保守メンテナンス会社としてはナンバーワンの実績を持つ会社です。元世界チャンピオンのプロボクサー・具志堅用高さんをテレビCMや広告宣伝に起用しているので、「見た記憶がある！」という方もいらっしゃるのではないでしょうか。

私がSECエレベーターの前身となる会社を創業したのは24歳のときです。最初は一介の技術屋として創業し、業界の慣例と闘いながら、会社を全国規模に発展させてきました。この間、世界最小のコントローラー開発や、法改正に先駆けたダブルブレーキを手がけるなど、時には業界をリードしてきたと自負しています。

当社のような「独立系」の保守メンテナンス会社は、三菱、日立、東芝など各社のエレベーターをメンテナンスします。必然的に、エレベーターに関する知識や技術が広がります。さらに私の場合は、こうした現場に基づく知識・技術に加え、営業や経営の側面からもエレベーターを見つめてきました。

こうしてみると、この50年で私以上にエレベーターに対して真剣に向き合ってきた人物はいないと自信を持って言えます。きっと、私以上にエレベーターを愛している人はいないでしょう。

そんな思いから、今回、筆を執らせていただきました。

私自身のことについては、巻末に数ページを割かせていただいています。

まずは、本題である「エレベーターとはどういうものか」からぜひお読みください。

読み終えたときアナタは、以前よりもずっと安心感を持って、エレベーターを利用できるようになっているはずです。

著者　鈴木孝夫

もくじ

第2章 エレベーターの構造を知れば安心

第3章 保守メンテナンスがなぜ必要なのか

第1章

非常時の対策を知ろう

ボタンひとつで簡単に何階へも移動できるエレベーターは実に便利です。建物の高層化やバリアフリーの考え方などを背景に、エレベーターは増加し続けています。

しかし、自然災害大国の日本にあって、エレベーターはいつも通常運転できるとは限りません。巨大地震、火災、落雷、停電、豪雨、洪水、故障……。そういう非常事態に直面する可能性はだれにも否定できません。

そのとき、一体エレベーターはどうなるのでしょうか。

それを知っていれば、「いざ」というときに落ち着いて行動できます。想定される災害や状況別に、具体的に見ていきましょう。

大地震の時どうなる!?

■地震時管制運転装置があれば安心

エレベーターの安全性について多くの人が一番知りたいのは、乗っているときに地震が来たらどうなるのか？　ということでしょう。

それは、エレベーターに装着されている装置によって大きく変わります。

では、その装置とは何か。

それは、地震時管制運転装置です。地震時管制運転装置は、2009年に一部改正された「建築基準法」により、高さ7メートルを超える建物の乗用エレベーターでは、その設置が義務づけられるようになりました。地震の初期微動であるP波を感知すると自動的に最寄り階で停止するもので、停止後にドアが開き、90秒後に自動で閉まります。この際、エレベーターカゴ内の操作盤には「地震」「エレベーターから降りてください」などと表示がされます。

P波の後、本震であるS波を感知した場合は、エレベーターは完全に停止します。この場合は、エレベーターの稼動を制御している制御盤からでないと、再稼動ができません。安全のため、保守管理をしているメンテナンス員などが伺うまで復旧できなくしてあるのです。

① 地震時間制運転装置が地震をキャッチ

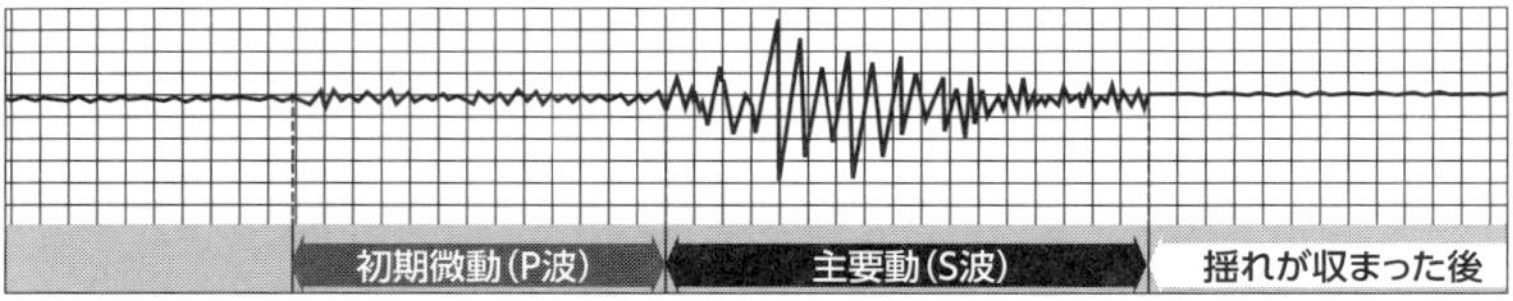
初期微動(P波)
主要動(S波)
揺れが収まった後

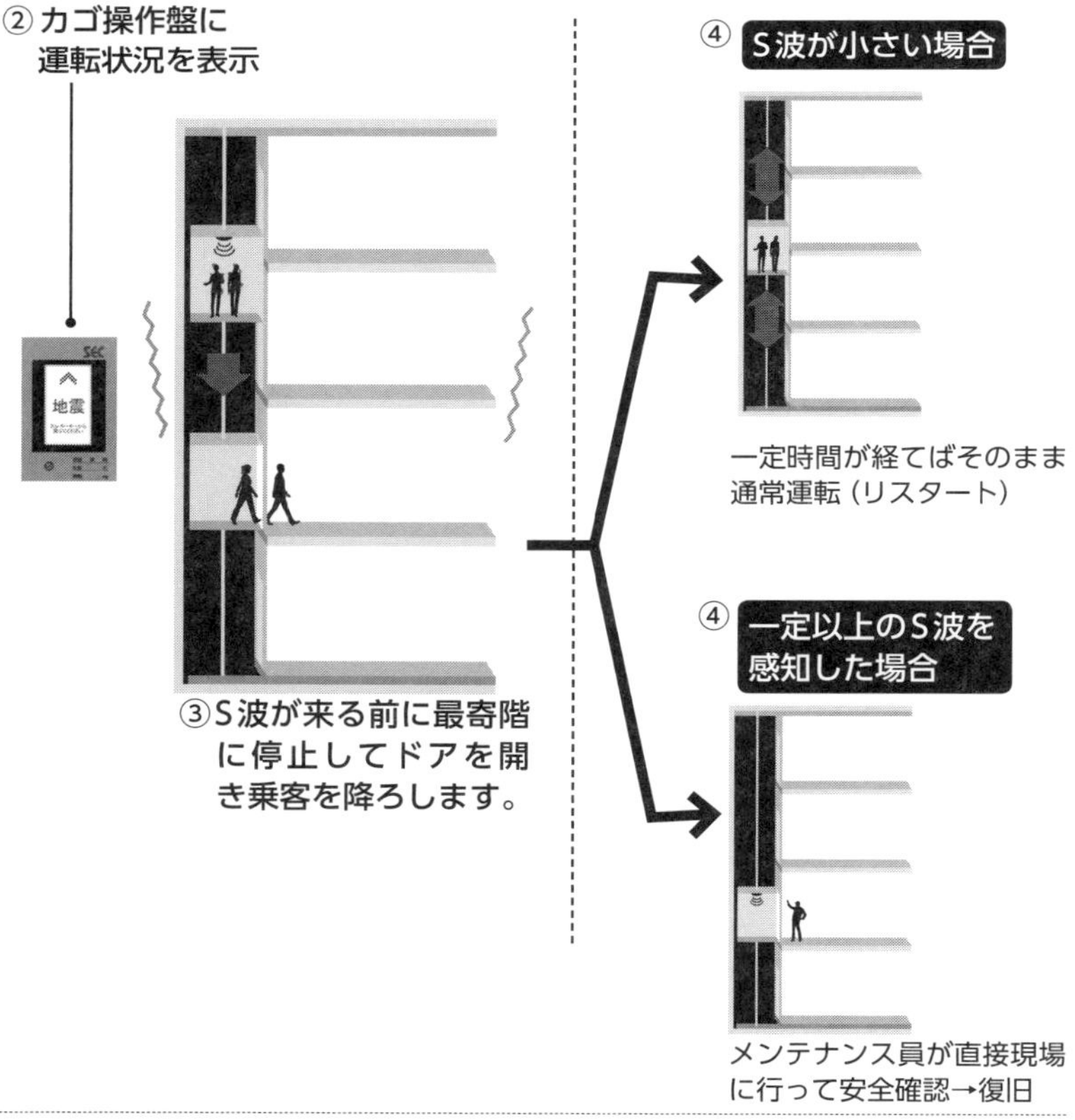
② カゴ操作盤に運転状況を表示
SEC
地震
③ S波が来る前に最寄階に停止してドアを開き乗客を降ろします。
④ S波が小さい場合
一定時間が経てばそのまま通常運転（リスタート）
④ 一定以上のS波を感知した場合
メンテナンス員が直接現場に行って安全確認→復旧

地震時のエレベーター

一方、幸いにしてS波（本震）が小さく、感知器が作動しない程度だった場合は、エレベーターは自動的に運転を再開します。それまでと変わりなく、安心してお使いいただいて大丈夫です。なお、最寄り階で自動停止後にドアが90秒で自動で閉まるのは、だれも乗せないためです。外からはボタンを押しても反応しませんし、開けることはできません。

「では、エレベーター内に居残ってしまったら？」と疑問に思う方が必ずいますが、中からは「開」ボタンで開けられますのでご心配は無用です。もちろん地震のときにエレベーター内にいて良いことは何もありませんから、できるだけ速やかに降りるようにしてください。

■新建築基準法前のエレベーターなら

このように、地震時管制運転装置が付いたエレベーターなら、安心して利用することができます。特に２００９年の建築基準法改正以降の設置のエレベーターは、同装置以外にも、脱レール防止対策や制御盤の転倒対策など、耐震性も強化されているので安心度が高いです（エレベーターの構造については、第2章で詳しくお伝えします）。

ちなみに、象徴的な例として、２０１１年・東日本大震災のときの東京都庁のエレベーターが挙げられます。金曜日の午後3時前の地震で、首都圏も震度5前後を記録するほど揺れましたが、都庁のエレベーターは地震時管制運転装置が機能し、閉じ込めは一件も発生しませんでした。

しかし、その裏側では、激しい揺れによってエレベーターのカゴを吊っているロープが絡まり、大規模な補修の必要が生じました。この事例は、地震時管制運転装置による最寄り階停止がいかに人命を守ることに有効かを物語っています。

さて、こうなると問題は、この地震時管制運転装置を装備していないエレベーターです。割合として未装備のエレベーターがどのくらいあるのかは定かではありませんが、東京都の場合、首都直下型地震が発生すると約７５００台で閉じ込めが発生すると想定されています（２０１２年４月・東京都防災会議。東京湾北部を震源地にしたマグニチュード７・３の地震発生の想定時）。恐らくその数倍のエレベーターが地震時管制運転装置を未設置のまま動いているということです。

この件数は、条件によってはさらに悪くなる可能性もあります。例えば、ビジネスマンが一斉に町に出る昼食時だったら？　朝晩の通勤・通学時間帯だったら？　先に紹介した首都圏の想定は、冬の午後６時の地震発生です。状況によっては、数万人が閉じ込めになってしまうかもしれません。

言うまでもないことですが、地震はいつ起こるか分からないものです。そのときにどのエレベーターを使っているかなど、だれにも分かりません。ご自身が乗っているエレベーターに地震時管制運転装置が設置されているかどうかも、エレベーター内には表示されていないケースのほうが多いのです。初めて出かけた場所で被災する可能性もあります。ではそのときに、旧タイプのエレベーターに乗っていたなら、どうすればいいのでしょうか。

ここからは、ちょっとしたテクニックです。スマートフォンなどに大地震の警報が届いたら、まずやるべきなのは、すべての階のボタンを押すことです。エレベーターの安全確保の基本は、「停める」です。何かあったらまず停める。エレベーターは、動かない状態がいちばん安全です。すべてのボタンを押しておけば、基本的には最寄り階で停まりますし、何かアクシデントがあっても、どこかの階で停まる可能性が高まります。停まったら速やかに降りてください。

もちろん、そのような対処をしても、不運にも上下階の合間で停まってしまったり、ドアが開閉しないという閉じ込めが発生することもあります。その場合は、慌てずに非常用ボタンを押してください。エレベーターは停まっている限りは心配ありません。

緊急連絡先は、エレベーターによって異なります。ビルオーナーの住まいに緊急連絡が入る設定もありますし、マンションの管理組合や管理会社のもとに行く場合もあります。安心なのは、当社・SECエレベーターのような保守会社が連絡先になっているケースです。例えば当社の場合は、全国160カ所以上のメンテナンス網を構築し、各拠点の緊急監視センターで第一報を受け取ります。当社では、都市部なら出動要請から30分以内、地方でも60分以内に駆けつけられることを目安に緊急対応をしています。

緊急連絡先については、エレベーター内にシールなどで貼付してあることが多いです。もしそこに電話番号も出ているなら、ためらわずにお手持ちの携帯電話で連絡してください。

なお、閉じ込めが起こった際に、電気が供給されず照明が消えてしまうケースもあります。ただ、真っ暗になることはありません。バッテリーによる非常灯がつき、ボタン類の場所が照らされます。法律では、床面で1ルクス以上の照度を30分以上確保することが規定されています。薄暗い中でじっと待つのはつらいかもしれませんが、エレベーター内部は通気も確保されていますので、落ち着いて助けを待つことが大切です。

コラム
非常用ボタンの使い方

滅多に使う機会のない非常用ボタンですから、「使い方が分からない」という方もいることでしょう。

まず知ってほしいのは、非常用ボタンとインターフォンはセットということです。

非常事態があった場合、まずは非常用ボタンを押します。設定によっては、押し間違いやいたずら防止のため、数秒以上押さないと働かない場合もあります。すぐに反応がないようなら、10秒くらい押しつづけてください。

非常用ボタンが機能し、通知先に伝わったら、今度はインターフォンで話せるようになります。インターフォンから状況をお伝えください。

なお、非常用ボタン・インターフォンの通報先は、特に決まりはありません。自由に設定できます。オーナーの住まいや管理会社に設定することもありますが、原則として、24時間365日対応可能な場所であるべきです。

当社で管理するエレベーターの場合は、9割以上が、SECの緊急監視センターを通報先とされています。非常用ボタンが無用の長物とならないためには、通報先をどこに設定するかも重要です。

非常用ボタン

■エレベーターは落ちるのか

さて、これが一通りの地震時のエレベーターの話なのですが、みなさん内心、もやもや感を抱えているのではないでしょうか？

私には、その心の声が聞こえます。なにしろ私は、50年もエレベーター一筋で来ているのです。

この質問は、何百人もの人からされてきました。

「エレベーターは、落ちないの？」

地震が来る。エレベーターが止まる。閉じ込められる。その間に余震が来る。そのとき、エレベーターは落ちるんじゃないの!?——。そんな問いです。

先に結論を言いましょう。エレベーターには何重にも安全装置が付いているので、しっかりとメンテナンスをしている限り、地震で落ちることはありません。仮に多少落ちても、非常止め装置が付いているので、心配はいりません。詳しくは、エレベーターの構造を紹介する2章でご説明します。

むしろここでは、別の危険性を指摘しておきます。それは、再稼動後が危ない、ということです。技術員がしっかりとした安全確認をしないまま、自動あるいはビルオーナーなどによって再稼動された場合、エレベーターが非常に不安定な状態で動き続けてしまうことがあります。

現在の乗用エレベーターのほとんどはロープの両端にカゴとつり合いおもりを付けたトラクション式なのですが（46ページで詳説します）、つり合いおもりがガイドレールから外れたまま稼動するなどして、おもりがカゴに激突するということも起こってしまいます。実は1995年の阪神淡路大震災のときには、この形の事故により、ケガを負われたり、亡くなられた方がいます（109ページコラム）。

地震時のエレベーターにおいては、しっかりと安全確認をして再稼動することが重要です。

コラム

高層エレベーターでの緊急停止の場合は……

地震時管制運転装置が働くと最寄り階で停止しますが、高層ビルのエレベーターの中には、1階から30階まで直通というものもあります。仮に10階付近を移動中にP波を検出したら、どうなるのでしょうか。

答えは、その場所での緊急停止です。例えば10階付近なら、その場所で揺れが収まるまで停止します。

乗っている人は、恐らく相当な恐怖を感じることでしょう。密閉空間で周りは見えませんし、ロープが切れたら……などと最悪の場面を想定してしまいがちです。

でも、エレベーターは止まっている限りは安全です。落ち着いて対処することが大切です。エレベーターは、揺れが収まった後に自動で最寄り階まで昇降し、停止後にドアが開きます。地震時管制運転装置がついていれば昇降路内でそのまま閉じ込めになることはまずありません。

万一、昇降路内で立ち往生してしまった場合は、並行するエレベーターを横付けして救出することができますので、ご安心ください。

ビル・マンション内で火災があったら

■火災のとき乗車しても大丈夫か!?

ビルやマンションが火災になったとき、エレベーターは安全なのでしょうか。

火災報知器や煙感知器を備えたエレベーターが火災・煙を感知した場合は、前項でご説明した地震時管制運転装置による稼動とほぼ同じ動きをします。地震のときと違う点は、停止する階が必ずしも最寄り階ではない、ということです。火災の場合は避難階あるいは基準階があり、あらかじめ設定されたそのいずれかに停止します。

停止後の作動は、地震時と同じです。開扉後、カゴ内の照明が落ち、火災を告げるアナウンスが流れ、90秒ほどしてドアが閉まります。その後、信号が解除されるまで、エレベーターは復旧しません。

このとき、地震の項では「うっかり乗り続けても中から開けられるから大丈夫」とご説明しましたが、火災の場合は、そう呑気にはいきません。

エレベーターにおいて火災でいちばん怖いのは、煙です。考えてみてください。エレベーターの昇降路は、下から建物の天井まで垂直にのびる、まさに「煙突」です。そこに煙が入り込んだが最後、煙は一気に昇降路内に充満し、上へ上へと駆け上って行きます。

ですから、無用にエレベーターに乗り続けていれば、煙にまかれてしまうリスクが大きいのです。仮にエレベーターが正常に動いていても、避難のために乗ることは避けてください。

実は過去に不幸な火災事故があり、それを機にエレベーターの昇降路には遮炎・遮煙性能を持つ設備で防火区画をすることが義務づけられるようになりました。

きっかけとなったのは２００１年9月に新宿・歌舞伎町で起こったビル火災です。出火元は3階のエレベーター付近だったのですが、このとき、防火扉が開きっぱなしになっていたため、火炎と煙が急速に広がったといわれています。この火災で、40人以上が犠牲になっています。

現在では、遮炎・遮煙性が高められているので、以前のような、一気に煙にまかれる、という心配はありませんが、乗るエレベーターによっては旧タイプのものもあります。とにかく、「火災時にはエレベーターに乗らない」が基本です。

火災時にエレベーターに乗ってはダメ、という話の流れでいえば、ここでひとつ、皆さんにぜひ知っておいてほしいことがあります。「非常用エレベーター」の正しい利用法についてです。

「非常用エレベーター」は高さ31メートル以上の建築物で、その設置が義務づけられています。台数は、各階の床面積が５００平方メートル以上～１５００平方メートル以下なら1台、以降は、３０００平方メートルを増すごとに1台ずつ追加して設置することとされています。

さて、重要なのは、その使い方です。「非常用」という名称から、「非常時に逃げるために使うエレベーターでしょ！」と思い込んでいる方がいますが、それは間違いです。正しくは、「非常時に消火活動で使用するエレベーター」です。つまり、消防士たちが率先して使うエレベーターということです。

　機会があれば、ちょっと注意して見てほしいのですが、例えばデパートなどでは、入り口付近や建物の端のほうに、非常用エレベーターが設置されているはずです。そしてそのすぐ近くに、防火扉があるはずです。

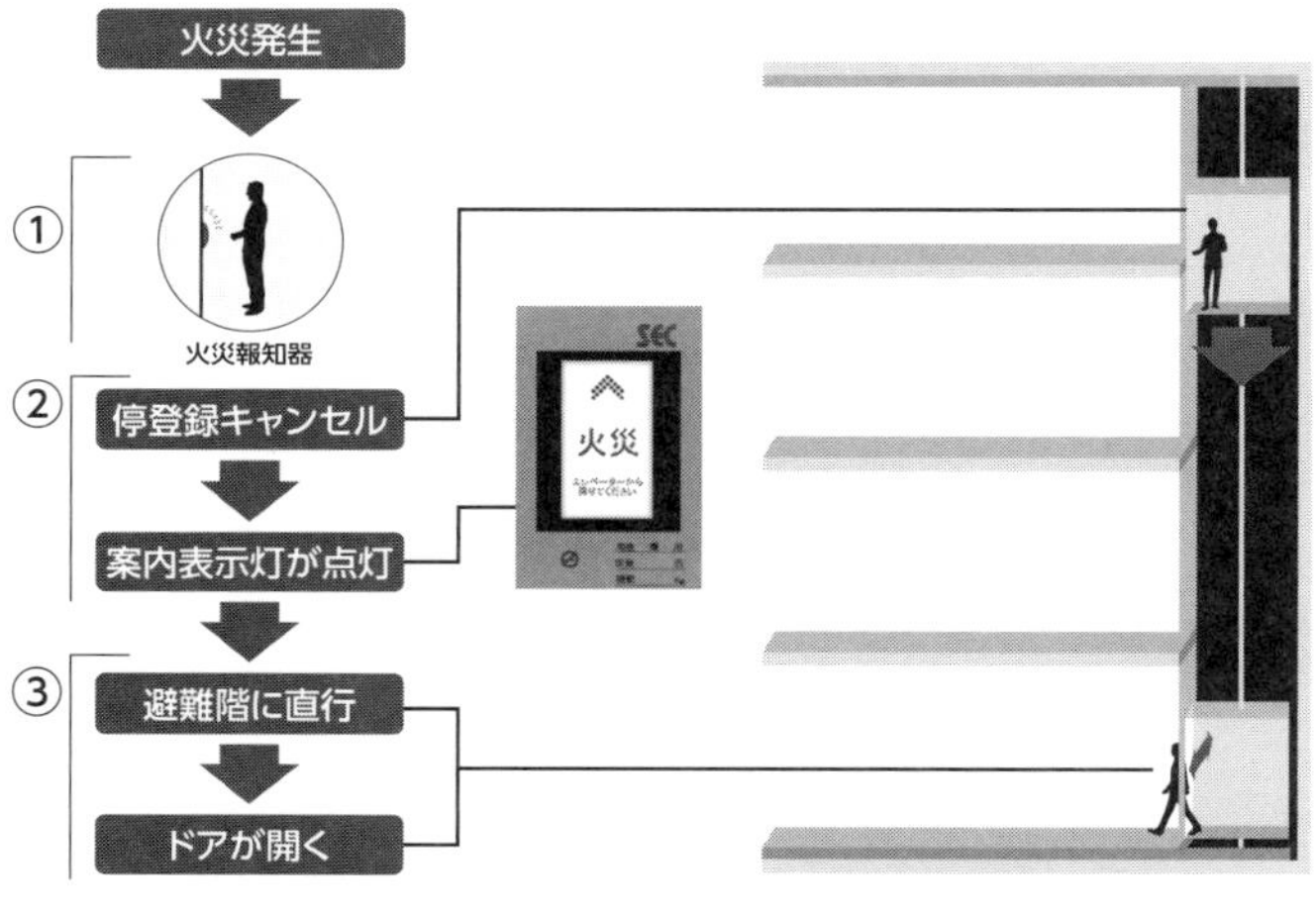

①ビル内の火災警報スイッチが入る

②目的階に行く登録がキャンセルされ、「火災」が発生したことが操作盤のパネルに表示される

③あらかじめ「避難階」に設定されている階に強制的に直行してドアが開く

④ メンテナンス員が直接現場に行って安全確認→復旧

火災時のエレベーター

そうでなければいざというときの消火活動で使えませんから当然ですよね。

なお、普段は通常のエレベーターと同じように使えます。「普段は気にせず使い、非常時は近寄らない」ということを、認識しておいてください。

雷で停電！　そのときどうする⁉

■「雷のときは乗らない」のが安全

昨今は、突然の雷で地域一帯が停電、ということも珍しくなくなっています。雷の発生の仕方も昔とは違って、突然で激しくなっている気がします。

雷が鳴ると我が社には緊張が走ります。次々と寄せられるＳＯＳに、順次対応していかなければなりません。

エレベーターにとっての雷の危険はふたつあります。ひとつは、雷そのものによって電流がショートしてしまうことです。基本的にはビルやマンションには避雷針が付いているので、雷の電気はそこで逃がせるのですが、ごくまれにビル・マンション全体に回ってしまうことがあります。家の中でも皆さん、テレビやパソコンなどが雷のショックでショートするという経験をしたことがないでしょうか。同じことがエレベーターでもありうるのです。

こうなってしまうと、復旧は容易ではありません。場合によっては、エレベーターの動きを管理する制御盤を取り替えることになってしまいます。費用も時間もかかります。

なお、落雷とビル・マンションの高さは関係ありません。高層だから危険というわけではなく、むしろ、私の経験では、3～6階くらいの雑居ビルなどのほうが被害にあっているように思います。

こうした、雷から直接被害を受ける、という事態ともうひとつ、雷に関しては停電のトラブルもあります。雷の影響で送電線が不能になり、辺り一帯が停電するというのは、一夏に何度か各所で見られることです。それほど珍しい事態ではありません。

停電すると、当然ですが電力で動く機器は使えません。言うまでもなく、エレベーターもそのひとつです。

ポンとブレーカーが落ちてしまうように、停電は突然起こります。もしその瞬間にエレベーターに乗っていたら？　その答えはひとつ。閉じ込めです。エレベーターは、電力が切れたら自動でブレーキがかかる仕組みになっています。従って、その場で突然停まることになるのです。たとえ乗った直後であっても、停電の状態でドアが閉まってしまえば、自力で開けることはできません。

停電で閉じ込めになった場合の救出は、大きく2種類あります。ひとつはエレベーターが自動で非常時運転をするパターンです。これは、そのエレベーターが停電時管制装置を備えているかどうかによります。この装置はオプション設置なので、実際は装備していないエレベーターも少なくありません。

もし備えているエレベーターなら、一時的には閉じ込められますが、少ししてからバッテリー運転に切り替わり、最寄り階で停止します。

問題は、装置を付けていないエレベーターです。その中で閉じ込めになってしまったら、これはもう、救出を待つしかありません。停電ですから、当然、照明

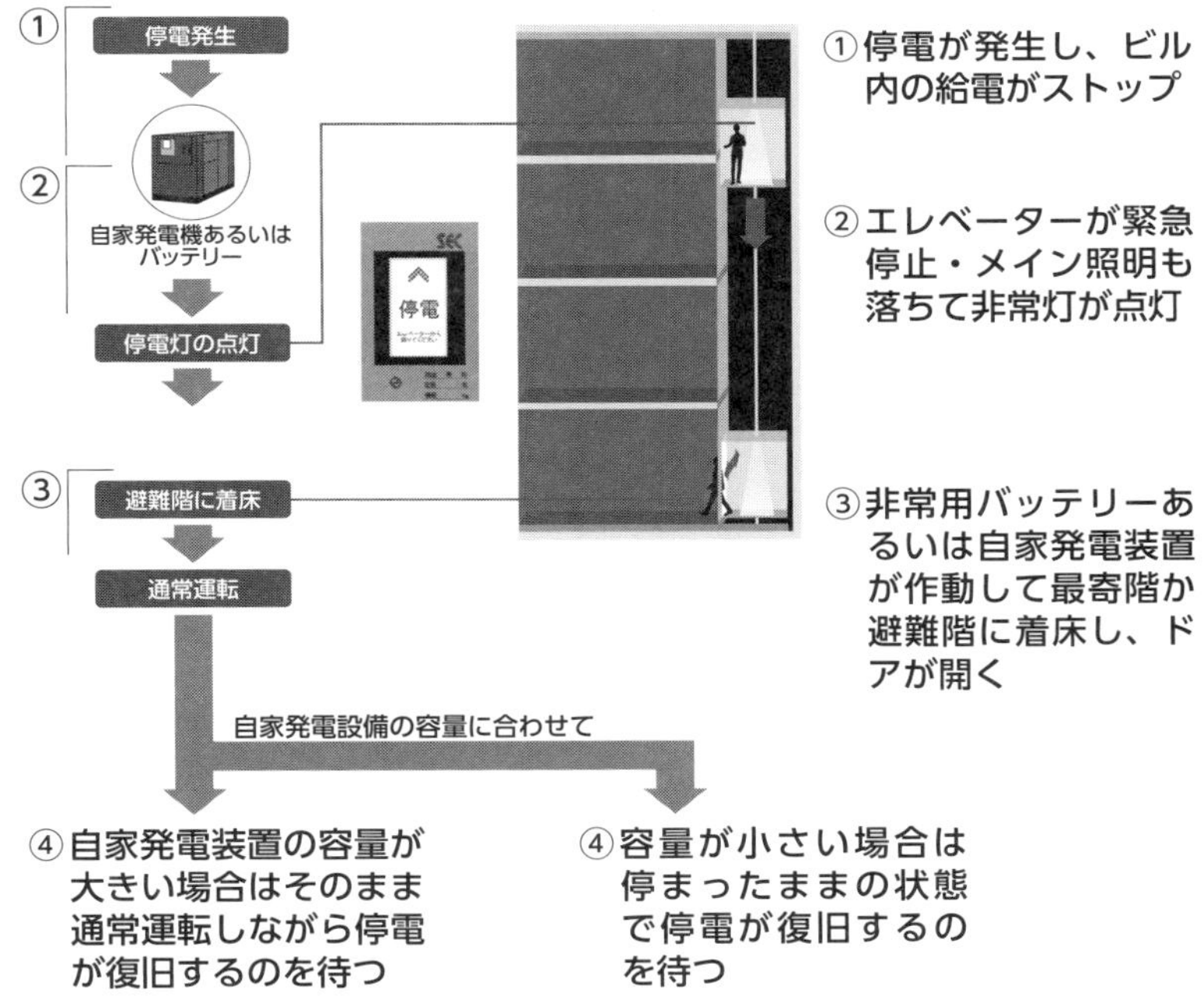

①
停電発生
②
自家発電機あるいは
バッテリー
停電灯の点灯
③
避難階に着床
通常運転
停電
自家発電設備の容量に合わせて
①停電が発生し、ビル内の給電がストップ
②エレベーターが緊急停止・メイン照明も落ちて非常灯が点灯
③非常用バッテリーあるいは自家発電装置が作動して最寄階か避難階に着床し、ドアが開く
④自家発電装置の容量が大きい場合はそのまま通常運転しながら停電が復旧するのを待つ
④容量が小さい場合は停まったままの状態で停電が復旧するのを待つ

停電時のエレベーター

も消えます。床面で1ルクス以上を30分以上確保することが義務づけられているので、真っ暗になるわけではないですが、それでも最低限の光です。その光をもとに、非常用ボタンを押し、備え付けのインターフォンで外部との連絡を試みてください。(18ページコラム参照)。

エレベーター内には、たいてい緊急連絡先の電話番号も出ているので、携帯電話が通じそうなら電話してみることも有効です。

いずれにしても、電気で動くエレベーターにとって落雷は天敵です。通常運転しているから大丈夫と過信せず、雷のときはエレベーターを使わないほうが無難です。

洪水・ゲリラ豪雨・横なぐりの雨…。そのときエレベーターは!?

■水はエレベーターの天敵

エレベーターは電気機器、と強調してきました。となると、もうひとつの〝天敵〟も見えてきます。水です。

エレベーターは精密機械です。カゴと制御盤をつなぐテールコードという電気の通り道によって、常に電流が安定供給される仕組みが取られています。

テールコードや昇降路内の電線は可能な限り絶縁処理がされていますが、とはいえ、許容量を超えれば、最悪の場合、ショートしてしまいます。濡れることを想定していないカゴ内の操作盤周辺については言うに及ばずです。

例えばエレベーターの昇降路の地面が水没してしまった場合などは、復旧には困難を極めます。まずは水を全部ポンプで抜き取り、ブロワーやドライヤーを使って、水気を完全に取り去らなければなりません。そのうえで、絶縁回路をチェックしていくのですが、漏電に関して厳しい基準があり(150ボルト以下で0・1メグ以上は不可)、それをクリアできないと稼動させてはいけません。結局修復できず、エレベーターを総取り替えするというケースが、毎年、一夏に数件発生しています。エレベーターは高額品ですから、これはビルオーナーにとって大変な負担です。

この事態を防ぐには、できれば、最上階でエレベーターを停めてしまうことです。上で停めて電源を切り、一時的に使えないようにしてしまう。その数時間は不便を感じるでしょうが、エレベーターを守るにはそれがいちばんです。

最近のエレベーターだと、浸水を感知すると自動的に最下階まで降りてこないようにする機能が付いているものもあります。

さて、このような電気的な話を少ししましたが、皆さんにとっての問題は、「大雨でも乗ってもいいの?」ということですよね。

私の経験で言えば、できる限り避けてください。大雨の度合いや設置場所の条件にもよりますが、横殴りの大雨、エレベーターの隙間から昇降路内に水が落ちていくような豪雨、周辺の下水管から水が溢れているような状況やすでに床下浸水している状況、海抜ゼロメートル地帯、などに当てはまるようでしたら、利用は控えてください。

ここは先の停電と関係が深いのですが、一見通常運転しているように見えても、電気関係のトラブルは一瞬にして起こります。乗っている最中に、ショートしてブレーカーが落ちてしまう可能性は十分あり得ます。そうなれば、結果は閉じ込めです。大雨の中で少しでも早く部屋や事務所に戻りたい、という気持ちは分かりますが、閉じ込めになってしまったら、泣きっ面に蜂。急がば回れの精神で、できるだけエレベーターの利用を控えるのが安全です。

故障の前兆を感じたら

■デリケートなエレベーター

ここまで災害時のトラブルについてお話ししてきましたが、残念ながら、エレベーターのトラブルはそれだけではありません。故障や一時的な異常もありますし、不適切な使い方によるトラブルもあります。また製品そのものに問題があり、事故につながってしまうケースもまれにあります。故障の原因のひとつにメンテナンス不足が考えられます。例えばガイドレールの油が切れてしまっている、ということが見られます。乗っていてすぐに分かるのは、音。稼動中に「キーッ」という金属音がする場合には、ガイドレールにガイドシューが接触した際の潤滑油不足の状態で走行していることが考えられます。また、ひどいケースになると、ガタガタ揺れたり、ガクンという震動があったりします。ドアの開閉がスムーズでない場合もありますね。

こうした異音や震動は、故障やトラブルのサインです（音がしている時点で、トラブル発生とも言えますが）。音や震動がするから即危険、ということではありませんが、そのまま放置していいものではありません。できるだけ早く、メンテナンス会社に連絡してください。

こうした事態を招くよくある勘違いなのですが、多くの人は、設置から10年くらいは法定検査だけで大丈夫、と思いがちです。命を預ける乗り物だけに、できればもう少し慎重なお考えを持ってほしいと思います。

ちょっと視点を変えて考えてみてください。最近はテレビやＤＶＤ、電子レンジなどの家電なども高性能になりました。では、これらの高性能機器は、昔よりも丈夫になったでしょうか？

逆です。高性能になった分、もろい部分を持ち合わせるようになっています。コンピューターのデリケートさであったり、軽量化によるナイーブさだったり。かつてのテレビは20年くらい平気で使えましたが、昨今のテレビは、10年も使えないのではないでしょうか。

同じことがエレベーターにも言えます。かつての単純な構造だった頃に比べ、今のエレベーターは高性能化し、その分、デリケートな作りになっているところがあります。「新設だから大丈夫」と気軽には言っていられないのです。私はむしろ、新しいものほど注意してみていく必要がある、と考えています。機器が複雑になっているだけに、どこにトラブルの種が潜んでいるか分からないからです。

高性能だけどデリケートになった昨今のエレベーターは、一時的な異常も、時々招いてしまいます。不具合で動かなくなるケースでいちばんよくあるのは、ドア周りのトラブルです。エレベーターは安全性の確保のためにドアが完全に閉まらな

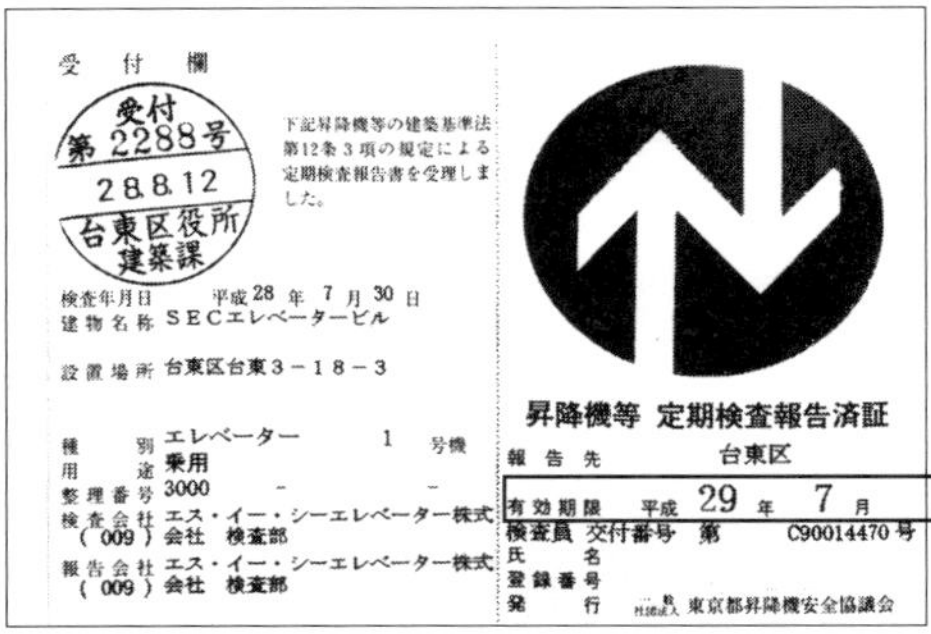
受付欄
受付 第2288号 28.8.12 台東区役所 建築課
下記昇降機等の建築基準法第12条3項の規定による定期検査報告書を受理しました。
検査年月日 平成28年7月30日
建物名称 SECエレベータービル
設置場所 台東区台東3－18－3
種別 エレベーター 1 号機
用途 乗用
整理番号 3000 － －
検査会社（009） エス・イー・シーエレベーター株式会社 検査部
報告会社（009） エス・イー・シーエレベーター株式会社 検査部
昇降機等 定期検査報告済証
報告先 台東区
有効期限 平成29年7月
検査員 交付番号 第 C90014470号
氏名
登録番号
発行 一般社団法人 東京都昇降機安全協議会

有効期限が書いてある。期限切れになっていないか注意

定期検査報告済証

いと動かない仕組みになっているのですが、小石のような異物が挟まることで、開閉トラブルが起こってしまいます。異物を取り除いてしまえばそれでOKなのですが、「なぜか使えない！」となると、メンテナンス員に呼び出しがかかります。

これはビルオーナーや管理されている方にお願いなのですが、エレベーターはとにかくドア周りの故障が多発しています。各階とも、ぜひ、ドア周辺はきれいに保ってください。

同時に、利用する方にもお願いします。エレベーターに乗ったときに異音がする、動きがヘン、ガタガタ震動がする、などを感じたら、ためらわずに保守会社か管理会社に連絡してください。エレベーター保守の会社については、たいていは操作盤周りにステッカーなどで貼付されています。

このステッカーは、初めて乗るエレベーターなら必ずチェックしておきたいものです。というのも、非常に恐ろしいことですが、世の中には、「無保守」のエレベーターも存在しているのです。保守会社を知らせるステッカーがなく、かつ古くて、キーッと異音がし、ガタガタ震動もする……。

そんなエレベーターがあったら、なるべく階段を使うことをお勧めします。

使い方によるトラブル!?

■エレベーターは丁寧に扱って

電気的・機械的にエレベーターの安全性をチェックしました。でも、これで十分なわけではありません。もうひとつ、注意すべきこと。それは、「使い方」です。

自宅に設置するホームエレベーターでもない限り、エレベーターは共用です。自分の所有物ではない、という意識が働くのでしょうか、本当に残念なことに、不適切なエレベーターの使い方をする方が後を絶ちません。何度も触れたようにエレベーターは精密機械ですから、丁寧に扱うことが不可欠です。ところが……。

◉よくある不適切利用のその1。「操作盤のボタンを物で押す」

だれが触ったか分からないボタンを指で触れたくない、と思うのでしょうか。その気持ちは分からなくもないですが、操作盤のボタンは、今や押し圧1ミリ程度で反応する高性能です。柔らかいハンカチなどならまだしも、カギや傘で押されたら、簡単に割れてしまいます。スマホの画面をカギで押す人はいませんから。同じように、コンピューターに触れる気持ちで扱ってほしいです。

●よくある不適切利用その2。「ドアを蹴る」

飲食店ビルなどでは、ドアを蹴る人が時々います。酔って日頃のストレス発散なのでしょうか、あるいは、閉まりそうなところを足で止めようとしたのでしょうか。

いずれにしても、蹴られた部分は当然へこみます。今のエレベーターは軽量化で板金が弱くなっていますから、少しの力でも、べこっと歪んでしまいます。

こうなると大変。隙間ができてドアの開閉スイッチが入らなくなったら最後、最悪の場合はドアの交換になります。

●よくある不適切利用その3。「ジャンプ」

これは子どもさんに多いのですが、エレベーター内でジャンプしたりふざけて激しく動く人がいます。それによってエレベーター自体が落ちることはありませんが、一瞬の速度変化を異常と感知して、非常止め装置（ガバナーマシン）が作動するケースがあります。特に下りはその可能性が高いです。

これが作動すると、その地点でストップし、閉じ込めとなります。メンテナンス員が現場に到着するまで閉じ込めに……。絶対にやめてほしい行為です。

密室内で身を守るために～防犯を考える

■怪しければ「降りる」

「安全・安心」のもうひとつの要素に、「防犯」もあります。密室になるエレベーター。その中で身を守るにはどうすればいいのでしょうか。

エレベーター内の犯罪で多いのは、強盗やひったくり、暴力、そして痴漢などの性犯罪です。特に女性やお子さんは、なるべく一人ではエレベーターに乗らないということも必要かもしれません。強盗、ひったくりなどは短時間でも可能ですから、低層階マンションだから大丈夫、などと気楽には言えません。

見知らぬ人が乗り込んできたらどうするか。瞬間的に危ないなと思ったら、ためらわずに降りることです。エレベーターを1台遅らせたところで、たいして到着時刻は変わりません。身の安全を重視してください。

特に女性の場合など、エレベーターで同乗しなくても、外から「どの階で降りたか」が分かってしまう恐れがあります。自宅に着く前に何か怪しい人影を感じた場合などは、降りる階を変える工夫も必要かもしれません。ひとつ下の階で降りて階段で上がってもいいですし、途中階で降りてもう一度エレベーターを呼び直してもいいでしょう。

こういった心配がある場合には防犯カメラの設置をお勧めします。

もっとも防犯カメラは常時誰かが監視しているわけではなく、事後確認のために録画をしているものがほとんどです。中には録画すらしていないというものもあります。防犯カメラがあるから安心とは単純に思えないかもしれません。

ただ、昨今は防犯カメラも進化していて、目の前の光景をエレベーター内に設置したモニターで中継したり、中には、基準階（1階など）からも見られるようにしているところもあります。これは抑止効果もかなり期待できるので、エレベーターのリニューアル時などの設置がお勧めです。

だれでも安心して使える工夫——鏡がある理由をご存じですか？

■だれでも安心して使える工夫

普段当たり前のように乗降しているエレベーターが、実はかなりの精密機器で、場合によっては閉じ込めなども起こりうる乗り物ということがご理解いただけたでしょうか。

この章の最後に、お子さん、ご高齢者、身体に障がいがある方に向けて、少しだけ、エレベーターの利用についてお伝えさせていただきます。

まずお子さんですが、ここまで見てきたとおり、エレベーターは何らかのトラブルがあると急停止する可能性のあるものです。そのときに一人で対処できないご年齢のお子さんは、一人きりで利用しないのが賢明です。

また、小学生くらいになると、友達と一緒にふざけながら乗るケースが見られます。過去には、お子さんがふざけて上昇中のエレベーターのドアを力任せにぐっと開けて、急停止したこともありました。本来は開かないはずのドアですが、古いエレベーターなどで何かのはずみで開くこともあり得ます。ちょっと調子に乗ったいたずらが、大惨事を招くこともあり得ます。

保護者の方々には、くれぐれも、お子さんたちがふざけてエレベーターを利用しないよう、ご指導いただければと思います。

さて、次にご高齢者です。ご高齢者でご注意いただきたいのは、何といっても、段差です。最近のエレベーターはその段差がかなり小さくなりましたが、それでも乗り場とエレベーターカゴの間には、相応の段差が生じる場合があります。ここでつまずくことがないよう、どうぞご注意ください。

ご高齢者の中には、車いすを利用される方も多いです。これはむしろ健康な方に知っておいてほしいのですが、駅のエレベーターなどでよく見かける、カゴの奥の鏡は、車いす利用の人が安全に乗降するために使うものです。車いすで乗車する場合、前向きにエレベーターに乗り込みます。と

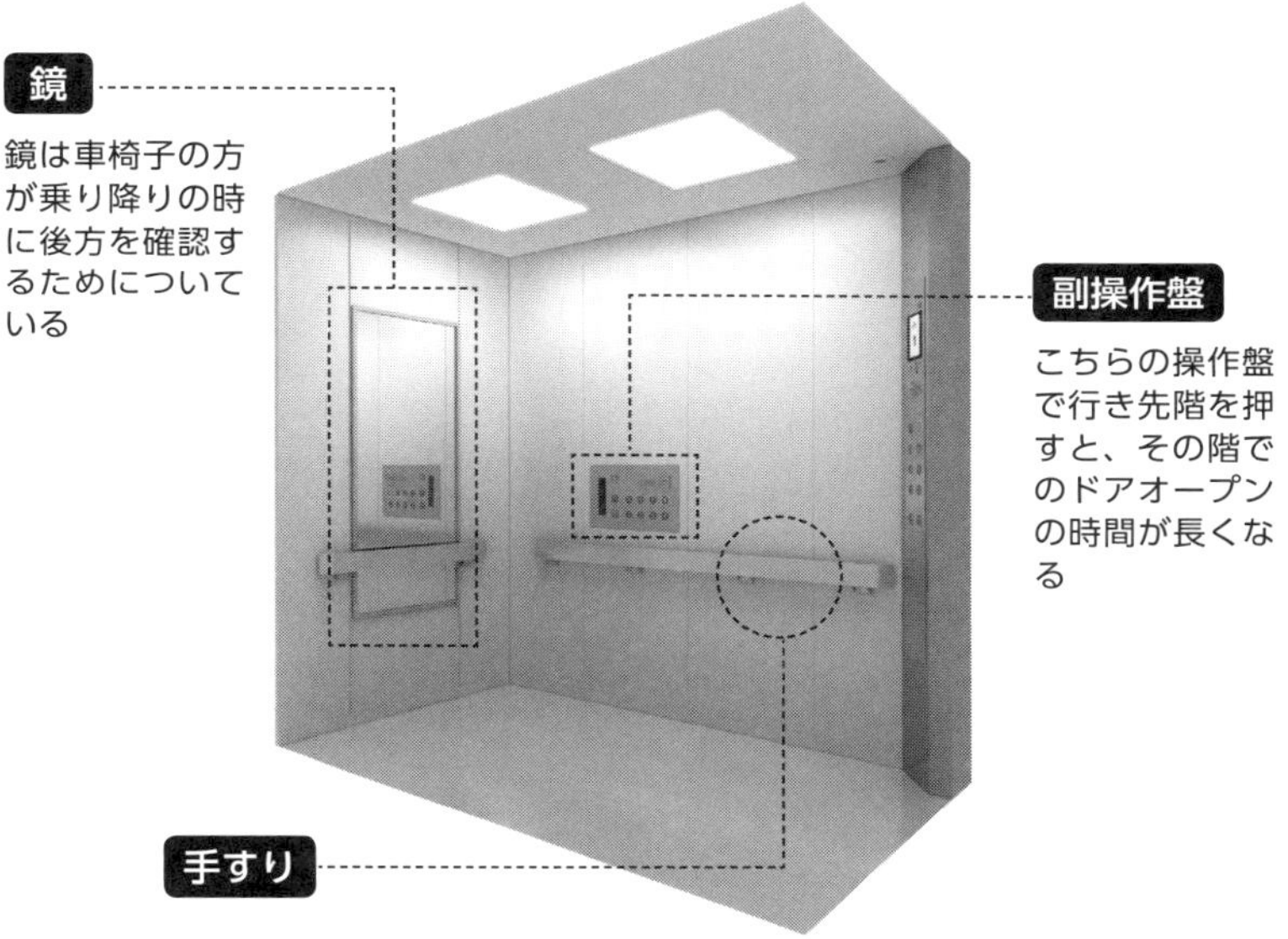
鏡
鏡は車椅子の方が乗り降りの時に後方を確認するためについている
副操作盤
こちらの操作盤で行き先階を押すと、その階でのドアオープンの時間が長くなる
手すり

身障者仕様のエレベーター

エレベーターの段差に細心の注意をはらうこと

段差に注意

ところが、狭いですから、中で回転することはできません。そのため、降りるときは後ろ向きのまま移動することになります。そこで必要となるのが、カゴ奥に据えられた縦長の鏡なのです。ですから、車いすで乗ってこられた方がいたら、鏡を塞がないようにしてください。また、車いすの方が一人で乗降する場面があったら、ぜひ手助けしていただきたいと思います。

車いす用の操作ボタン(副操作盤)は、たいていが車いすから押しやすい横壁にやや低めの位置で設置されています。このボタンがドアの開いている時間が通常よりも長くなります。ゆっくりと落ち着いてご乗降いただけます。車いすではないけれども足腰に不安がある、という方も、ぜひこのボタンをご利用なさってください。

障がいのある方についても、少しだけ触れましょう。最近はエレベーターも、どんな人にも使いやすいという「ユニバーサルデザイン」が広まっています。駅のエレベーターなどは、カゴ内の床にも点字ブロックが配されているケースがあります。また、カゴ内に手すりが設けられていたり、操作盤に点字が添えられているものも増えています。音声アナウンス付きのエレベーターもよく見かけるようになりました。

こうしたユニバーサルデザインは、これから2020年東京オリンピック・パラリンピックに向けて、日本全国で増えていくことと期待しています。

エレベーターのトリビア 1

エレベーターNo.1集

Q 昇降高低が日本で一番高いのは？

A 「スカイツリー」です。ただし、普通は乗れない業務用のほう。東芝製で464.4メートルあります。

Q 世界で一番高いのは？

A 上海中心大厦、いわゆる上海タワーです。こちらは三菱製。

Q 日本一速いのは？

A 横浜ランドマークタワーです。分速750メートル。こちらも三菱製。

Q 世界一速いのは？

A 高くて速い上海中心大厦。なんと分速1230メートル。地下から118階まで、わずか55秒で到着！

Q 日本一大きいのは？

A 東京科学技術館の業務用エレベーターです。最大積載量はなんと8100キロ。実に、124人が乗れるビッグサイズ！

Q 現存する最古のエレベーターは？

A 登録有形文化財でもある「京都東華菜館本店」及び神戸市にある松尾ビル、そして同じく神戸の商船三井ビルにあるエレベーター。3台とも1924年製の手動式です。

※2017年9月末現在

第2章

エレベーターの構造を知れば安心

万一の災害時もエレベーターには万全の安全対策が施されていることがご理解いただけたことと思います。

とはいえ、なんで安全と言いきれるの？　そもそもエレベーターってどんなふうに動いているの？　と疑問を持った方もいることでしょう。

この章では、エレベーターの構造や種類、関連する法律についてご紹介します。

エレベーターがどうやって動いているのかが分かれば、エレベーターが多少おかしな動きをしても、落ち着いて対処できるようになるはずです。

エレベーターの分類と基本構造

■さまざまな昇降機

エレベーターは大きな括りでいうと「昇降機」という仲間に入ります。昇降機にはエレベーターの他に、エスカレーター、動く歩道、小荷物専用昇降機（ダムウェーターと呼ばれていました）、簡易リフト、立体駐車機などがあります。

その中にあるエレベーターの中でも、用途や駆動方式などでさまざまな種類があります。まず、用途別では一般に人が乗る乗用、倉庫などで使う荷物用、人と荷物両方で使う人荷共用、病院などでストレッチャーがそのまま入る寝台用など。細かく分けるとまだまだ種類があります。

また、エレベーターは、駆動方式によって種類分けすることもできます。何によって動いているのかという分け方で、皆さんが通常使うのはロープ式か油圧式のどちらかです。

そして私たちが日常的に利用する乗用エレベーターは、そのほとんどがロープ式です。本書では、特に断りを入れない限り、ロープ式を前提にご説明しています。

エレベーターの分類でもうひとつある要素が、速度です。低速から超高速まで4段階に分かれています。ちなみに、ここでいう速度は、「積載荷重を作用させて上昇する場合の毎分の最高速度」（建築基準法施行令第129条）のことになります。高速エレベーターの毎分600メートルというのは時速に直すと時速36キロメートルです。垂直方向にもかかわらず自動車と同じような速度で移動するのがエレベーターなのです。

昇降機の分類	
	・エレベーター
	・エスカレーター
	・動く歩道
	・小荷物専用
	・簡易リフト
	・立体駐車機
	など

エレベーターの分類		
	用途別	・乗用
		・荷物用
		・人荷共用
		・寝台用
		など
	速度別	・低速（〜45m/min）
		・中速（60〜120m/min）
		・高速（120〜600m/min）
		・超高速（600m/min〜）
	駆動方式別	・ロープ式
		・油圧式
		など

昇降機・エレベーターの分類

■エレベーターの基本構造

まずはロープ式エレベーターを前提に、エレベーターの基本構造からお話します。

エレベーターとは何か？　それを一言でいうなら、昇降路の中をカゴが垂直に移動しているもの、ということになります。

ロープ式というのは、文字通りロープでカゴを吊っているエレベーターのこと。こういうとロープに吊られてゆらゆらしている光景を思い浮かべるかもしれませんが、カゴは昇降路の壁にガイドレールという垂直のレールで安定させていますから、しっかりと整備している限り、傾いたり無用に揺れたり、ということはありません。

タイプとして「巻胴式」といって、ロープを釣りのリールのように巻き取って昇降させるものもありますが、より普及している一般的なものは「トラクション式（つるべ式）」というタイプになります。つるべ式の井戸で水を汲むように、ロープの一端は人が乗るカゴ、もう一端はつり合いおもりが付いています。中央には滑車があり、少ない労力で重いものを上下させることができるのです。

カゴを動かすためには、当然ながら動力が必要です。遥か以前はこの動力を人間（奴隷）や家畜が担っていた時代もありましたが、今では当然電力で動かしています。

では、その動力はどこにあるのか？　それがある場所は、基本的には「機械室」です。どのビルの屋上にも設置されているエレベーター機械室には、動力をカゴに伝える巻上機と、エレベーターカゴの動きを管理するシステムである制御盤が備えられています。巻上機は文字通りロープを巻き上げる機械で、一般的には、内蔵する電動機モーターで稼動しています。そして、その動きを管理するのが、制御盤です。

このように、エレベーターの基本的な構造としては、機械室にある巻上機の動力を使って昇降路内でつるべ式になっているカゴとつり合いおもりを上下させる、と定義できます。

最近では制御盤の高性能化・巻上機の小型化もあり、制御盤・巻上機を昇降路内に設置できるようになった「マシンルームレス（機械室なし）エレベーター」も登場しました。

マシンルームレスエレベーターの誕生により、これまではエレベーターを設置できなかった狭い場所、建築条件の厳しい場所にも新設できるようになりました。都心の古い駅などにもエレベーターが続々とできているのは、バリアフリー志向だけでなく、こうした技術的な背景もあってのことといえるのです。今では、新設するエレベーターのほとんどがマシンルームレスタイプになっています。

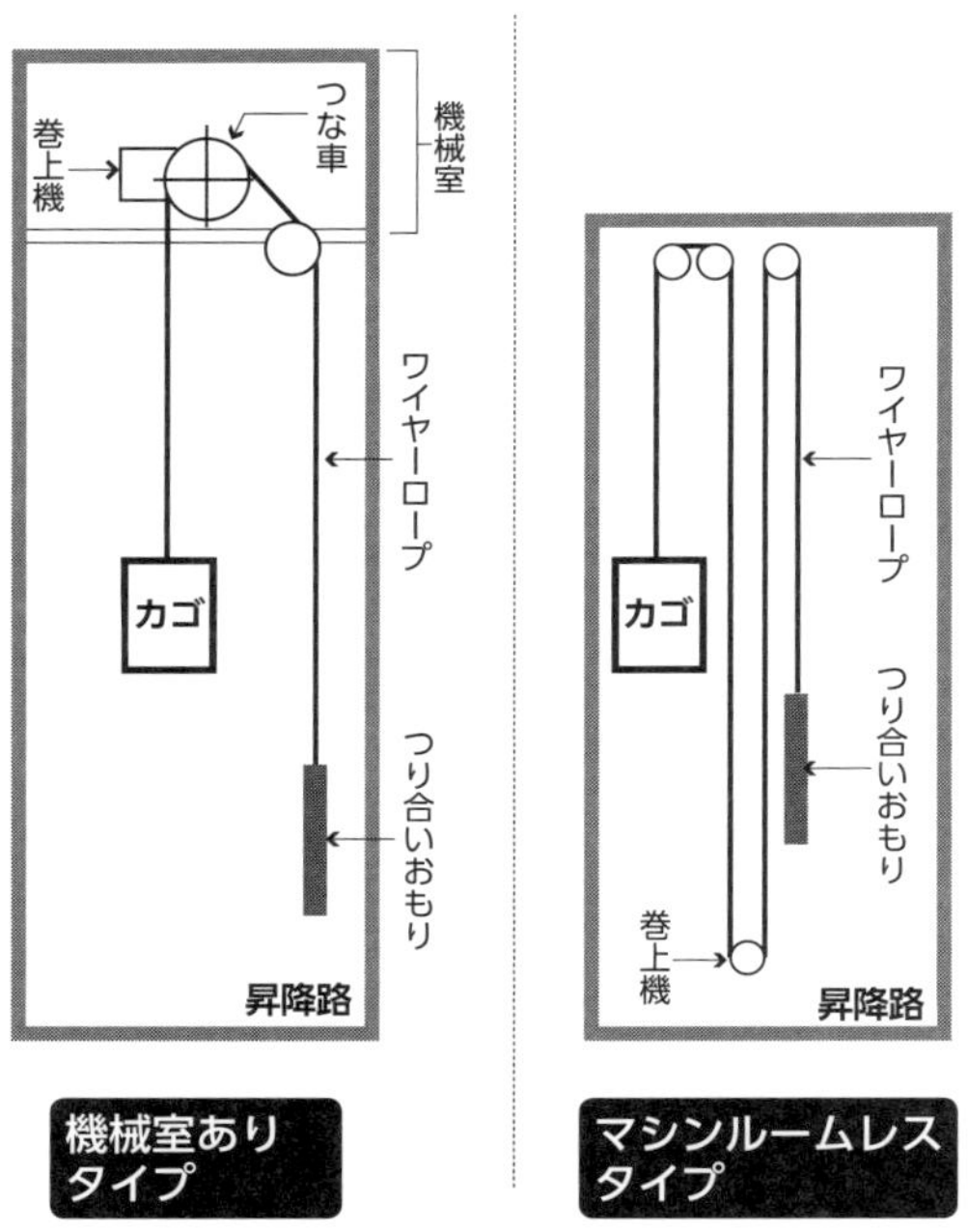

ロープ式エレベーター基本構造

コラム

油圧式エレベーター

一般乗用のエレベーターは、よほど特殊な場所に出向かない限り、ロープ式か油圧式のどちらかです。ほとんどはロープ式ですが、油圧式の場合は鼻のいい人なら匂いでわかるかもしれません。

油圧式の仕組みは、油（オイル）に圧力を加え油圧ジャッキを上げ下げするというものです。駆動方式には「直接式」と「間接式」の2パターンがあります。直接式は文字通りジャッキとカゴを直結するもの。間接式はロープを使ってカゴを昇降させるもので、効率が良いのが利点です。

油圧式の利点としては、機械室を屋上に設けなくてもどこにでも設置できることです。日照権の問題で屋上に機械室を設置したくない場合に採用されることが多かったのですが、マシンルームレスタイプの普及により、新設としてはほとんどなくなっています。

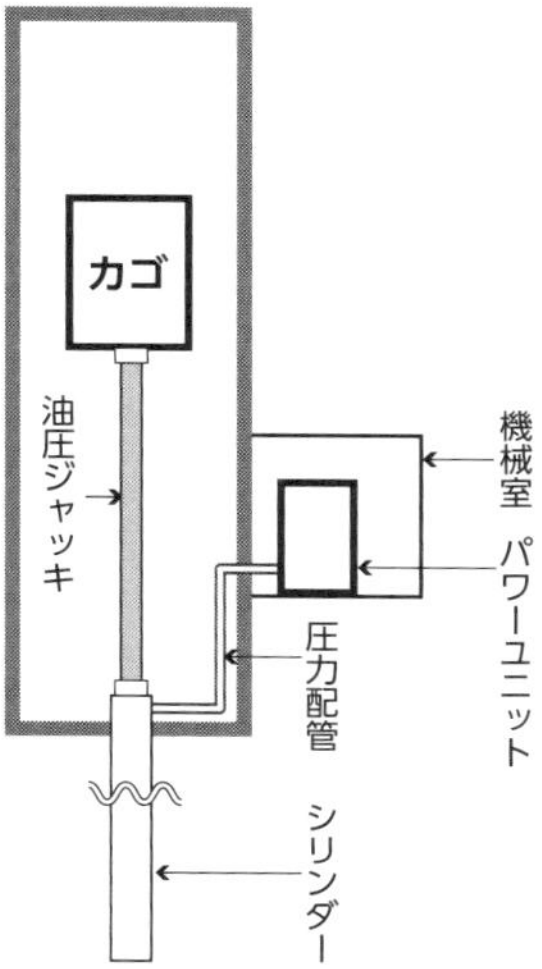

油圧式エレベーター基本構造

ロープ式エレベーターの構造

さて、私たちがいちばん利用している「ロープ式」について、詳しく見ていきましょう。ただしここでは「機械室がある」タイプのロープ式エレベーターを例に解説します。

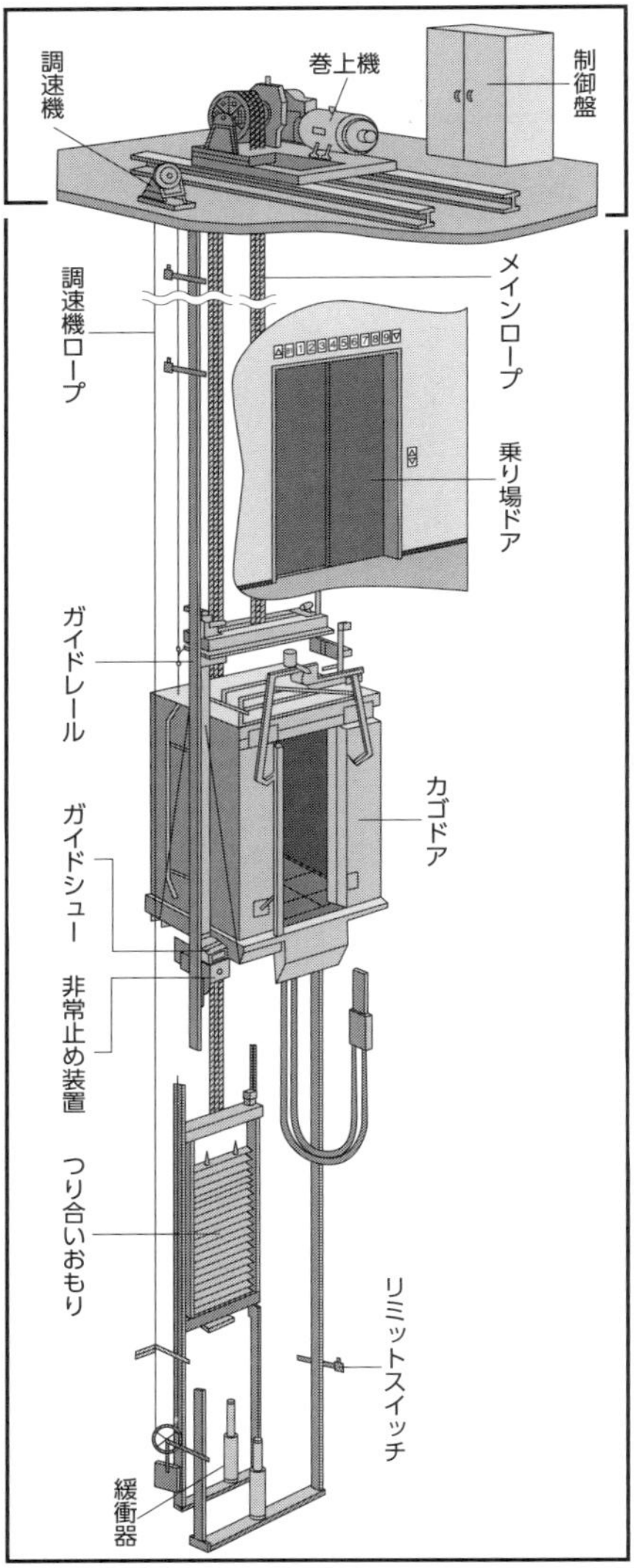

ロープ式エレベーターの構造（詳細）

■機械室の主要部品

◉巻上機

エレベーターを上下させる動力の源である巻上機ですが、エレベーターメーカーによって、あるいは持ち上げるカゴの重さ・エレベーターの速度によっていろいろな種類があります。

しかし、その基本構造は統一されています。その構成は、ざっくりといえば、電動機とブレーキ、そして、ロープの通り道となる溝を設けた綱車《つなぐるま》の3点です。

巻上機は、電動機による動力で綱車を回し、綱車に巻かれたロープを動かします。その動きを止めるブレーキは、この綱車に対して働きます。ロープ自体に制動力を加えるわけではありません。

車のブレーキと同じです。車のブレーキはブレーキディスクに対してパッドを当てて制動していくわけですが、車と同じ仕組みで、巻上機でも、ブレーキドラムにパッド（ブレーキシュー）を当てることでその動きを止めていきます。この仕組みによって、無理のない制動や、ロープの長寿化を実現しています。

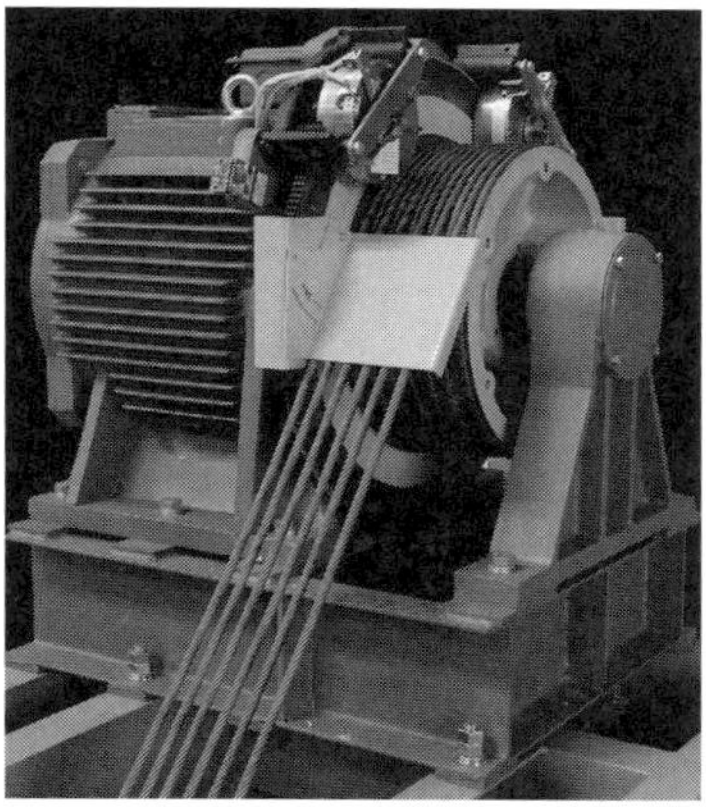

巻上機

◉制御盤

制御盤はエレベーターの動きの全てを司る、人間でいう「脳みそ」にあたります。巻上機を通じてカゴを昇降させたり、乗り場階でドアを開かせたり、カゴ内操作盤からの指示で目的階にカゴを向かわせるのはすべて制御盤が判断しています。

かつては電磁リレー式で複雑な構造でしたが、現在では、ほぼすべての機械がマイコン制御とインバーター方式です。周波数変換のシステムによって、1台のモーターを自在に操っているということになります。

このシステムが普及したことによって乗り心地も格段に良くなり、エレベーターの動き出しの、特に下方向に動く時に体が浮くような感じがなくなりました。

制御盤

■昇降路の主要部品

◉カゴとつり合いおもり

前述のようにロープ式エレベーターでは昇降路内でつり合いおもりとカゴが上下します。エレベーターが最下階にあるとき、つり合いおもりは最上階にあります。そこからエレベーターが上に昇っていくとき、つり合いおもりは下に降りていきます。中間階で両者はすれ違い、エレベーターが最上階についたときには、つり合いおもりは最下階につくわけです。従って、ロープは巻き取られることはなく（巻胴式は除く）、常に一定の長さで昇降路内にあることになります。そのロープに巻上機がトラクションを加えることで、エレベーターの昇降がコントロールされているということです。

カゴとつり合いおもりがちょうどよいバランスを取れればよいのですが、エレベーターの利用状況は一定ではありません。人が乗っていない時にカゴ呼びがあることもあれば、積載荷重の限度いっぱいで昇降することもあります。一般的には、つり合いおもりは、エレベーターの最大積載量の約半分の重量とカゴ重量を加算した重さになります。最大積載量600キロのエレベーターなら、カゴの自重＋約300キロのつり合いおもりが設置されるということです。

ですから、もしもあなたが一人でエレベーターに乗っていて、何らかのことでマシンブレーキが壊れてしまった場合、あなたが進んでしまう方向は下方向でなく上方向になります。

満員の状態なら、当然エレベーターは下に動きます。つり合いおもりよりエレベーターカゴのほうが重い状態だからです。

エレベーターというと、皆さん、割とすぐに「落ちないの？」という疑問を持ちますが、実は落下だけでなく、「突き上げ」のほうが発生する可能性が高いのです。

◉ロープ

カゴとつり合いおもりをつないでいる、ロープ式の肝ともいえる、「ロープ」についても説明しなくてはなりません。

「ロープが切れたらどうなるのだろう?」と疑問に思う方も多いと思いますが、そんなことは本当にあるのでしょうか?

答えはイエスでもありノーでもあります。イエスの理由は何か? それは「しっかりとメンテナンスをしていなければ当然劣化します」というごく当たり前の話です。では、ノーの理由は? そのことをこれからご説明しましょう。

ロープがいかに頑丈なものかということを知っていただくには、まず、ロープが何でできているかをご理解いただかなければなりません。

ロープは、鋼線でできた素線(19本以上)をより合わせた「ストランド」を6~8本合わせ、さらによって1本を作っています。その中心には天然または合成の繊維で作ったロープ状の心綱《しんづな》があり、周りをストランドが囲っています。少しややこしく感じるかもしれませんが、要は、幾つものロープがより合わされて最終的に1本を形成しているということです。心綱の重要な役割としては、グリスを含蓄するということがあります。繊維である心綱にグリスを含ませておくことで、ロープに荷重が生じたとき、内側からぎゅうっと油分がにじみ出る仕組みとなっているのです。

これによって、ワイヤ製のロープの錆《さび》を抑えて潤滑させることができます。

ロープにはより方があり、よる方向に伴う「Zより」と「Sより」、より方の違いで区別する「普通より」と「ラングより」で分かれています。通常、エレベーターで用いるのは、「Zより・普通より」です。一般の方がそこまで知る必要はない話ですが、このより方の特徴はストランドとロープ自体のよる方向が逆になることで、使用上のメリットとして、よりが戻りにくく、ロープ自体が扱いやすくなるということがあります。エレベーターロープは年がら年中働き続けているものなので、強度と同時に、絡まりにくい、扱いやすい、という要素も非常に重要となります。なお、一般的に、エレベーターのメイン・ロープの太さは、断面の直径で12ミリくらい。そこにさまざまな工夫が詰まっているのです。

このようにして、1本でも十分に強度のあるロープとなっているのですが、エレベーターにおいては、カゴに接続するメイン・ロープは必ず3本以上で吊るようになっています。しかも、かなりの安全率がとられており、万が一そのうちの1本が切れてもカゴが落下しないようになっています。

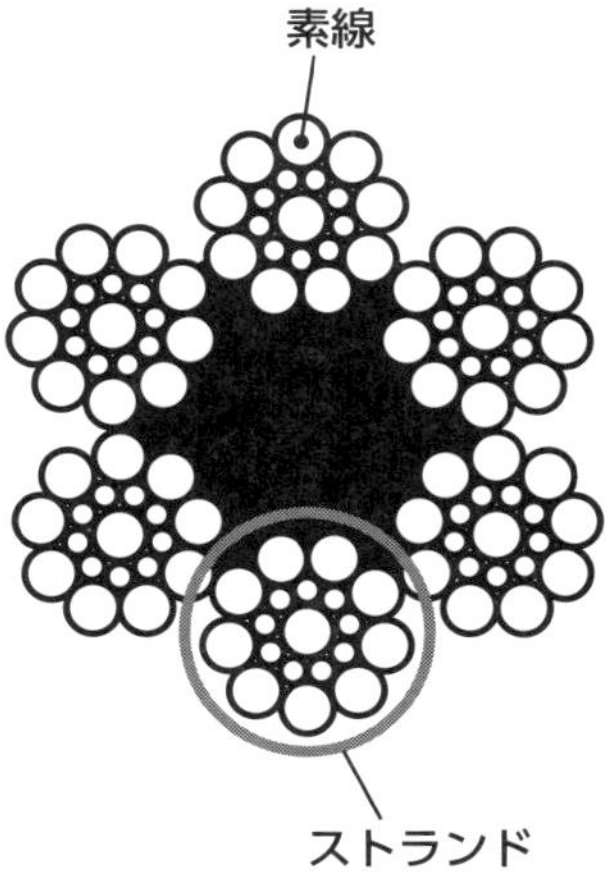

ロープの断面

さて、そのロープは、どのように昇降路内で用いられているのでしょうか。

皆さんは天井部に巻上機があり、そこにある綱車を経由してエレベーターカゴとつり合いおもりが「つるべ」のように吊るされているとイメージすることでしょう。

実際には、もう少し複雑です。というのも、直結では綱車に負荷がかかりすぎるので、ロープの角度を和らげる「そらせ車」を設置するのです。このことは、巻上機を小型化していくうえで重要なポイントです。

また、そらせ車をうまく用いることで、さまざまなスタイルの設置も可能になります。建築物によってはどうしてもエレベーターの設置が難しいところもあるのですが、そらせ車を天地に配置し、ロー

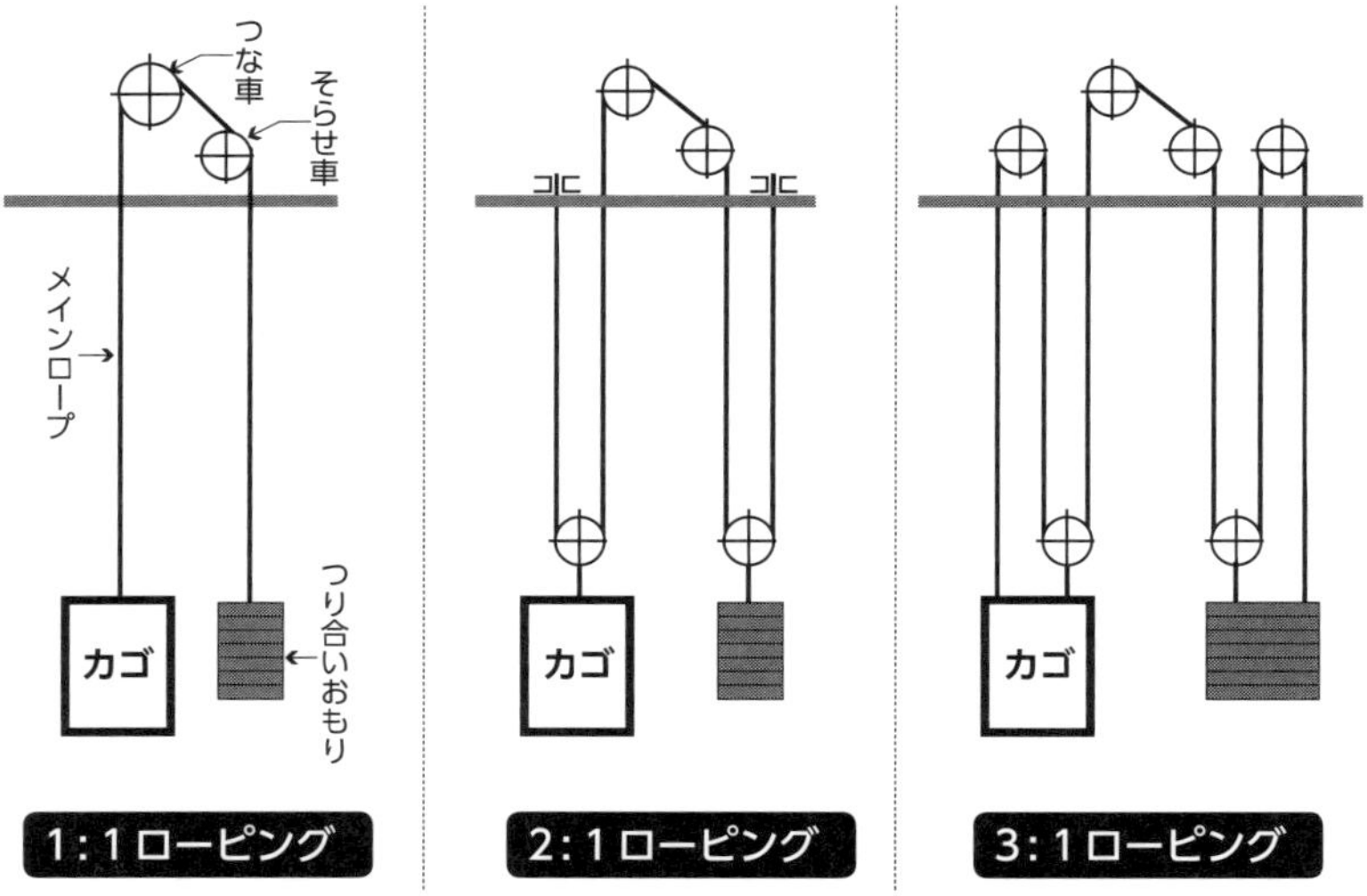

ロープング

プを複数回折り返すことで、狭い昇降路でもその稼動がスムーズにできるようになるのです(天地で折り返す場合は「返し車」と呼びます)。

あまり複雑な構成にすると、ロープが非常に長くなって管理・メンテナンスが困難になったり、折り返しが頻繁なためロープが傷みやすくなるという懸念も出てきます。

近年はマシンルームレスタイプのシーブ径が小さい巻上機を使用することが多くなり、ロープを交換しなければならない頻度が増している傾向にあります。

◉ガイドレールとガイドシュー

昇降路内でカゴが安定して昇降するために「ガイドレール」と呼ばれる鉄製のレールが垂直に地上から天井まで伸びています。ガイドレールは通常、カゴ用とつり合いおもり用にそれぞれ左右に1本ずつ、合計4本設けられています。

エレベーターカゴには各面に「ガイドシュー」が付いており、それぞれがガイド

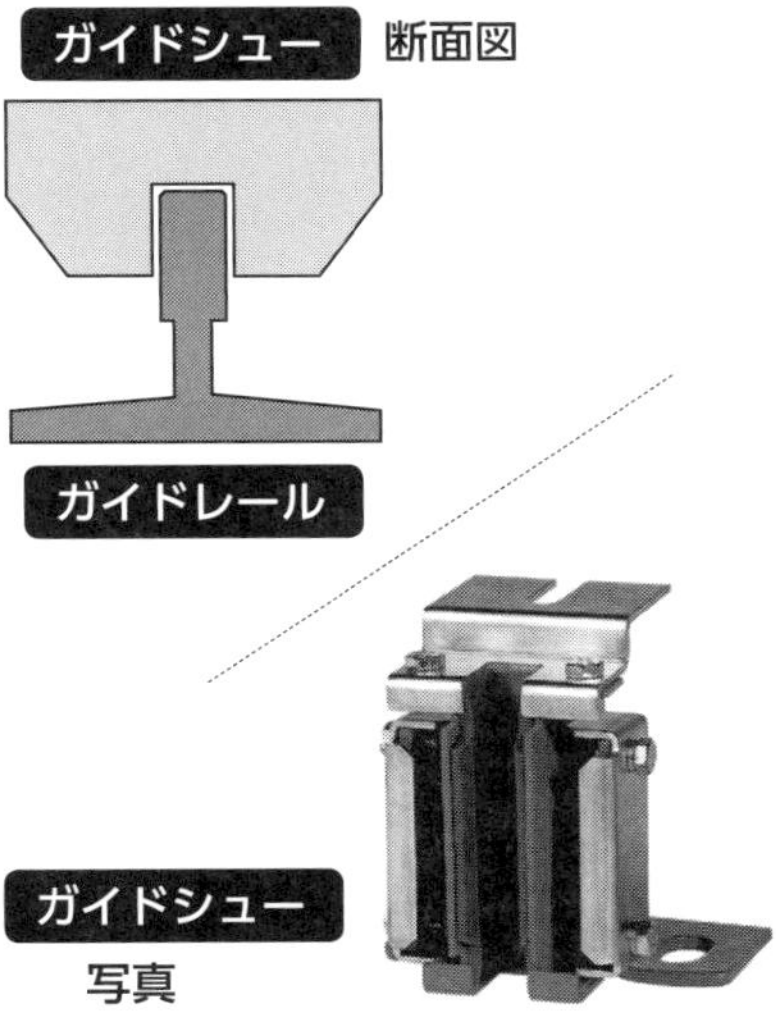

ガイドレールとガイドシュー

レールと結ばれます。「コ」の字型のガイドシューが、ガイドレールを噛む格好で接続されており、これによって、エレベーターカゴの安定性が確保されるのです。分かりやすいイメージでは、モノレールを思い浮かべていただけると良いと思います。それが垂直になっている感じですね。ときどき異音で「キーッ」という音がするエレベーターがありますが、それは油切れによってガイドレールとガイドシューが擦れているために生じていることが考えられます。

■カゴ室内&乗り場の主要部品

◉操作盤

ここまでは、エレベーターの全体的な仕組みについてご説明してきました。いわば、見えない部分の話です。

ここでは、見える部分——みなさんが馴染みのある部分のお話をしましょう。

普段皆さんがエレベーターを利用する上で馴染み深いものは、なんといっても、カゴ内の「操作盤」でしょう。操作盤には停止階を指定するボタンや扉の開閉ボタンがあり、その上部には、停止階などを表示するインジケーターが設置されています。操作盤のボタンも最新のものになると、ちょっと指で触れればランプが付くような、非常に薄く高感度なものになっていますし、目の不自由な方のために数字に凹凸のあるものが主流になっています。

ところで、この操作盤の上部には、エレベーターの用途や積載量（乗用の場合は最大定員）を掲示することが義務づけられています。乗用エレベーターの場合、一人分の重さは65キロ。ですから、最大積載量が600キロのエレベーターは9人乗りということになります。乗用エレベーターは定員オーバーをすると扉が閉まらず稼動しないのですが、子どもばかりが乗るケースなど、9人定員でも9人以上乗れるケースもあります。当然、その逆もあるので、要注意です。「定員」は目安としてご記憶ください。

なお、操作盤の近くには、緊急連絡先や、しっかりと管理されているエレベーターなら管理会社の社名なども貼り出されています。

いずれにせよ、エレベーターに乗る上で、重要な機能・情報は、この操作盤周りに集中しているといっていいでしょう。

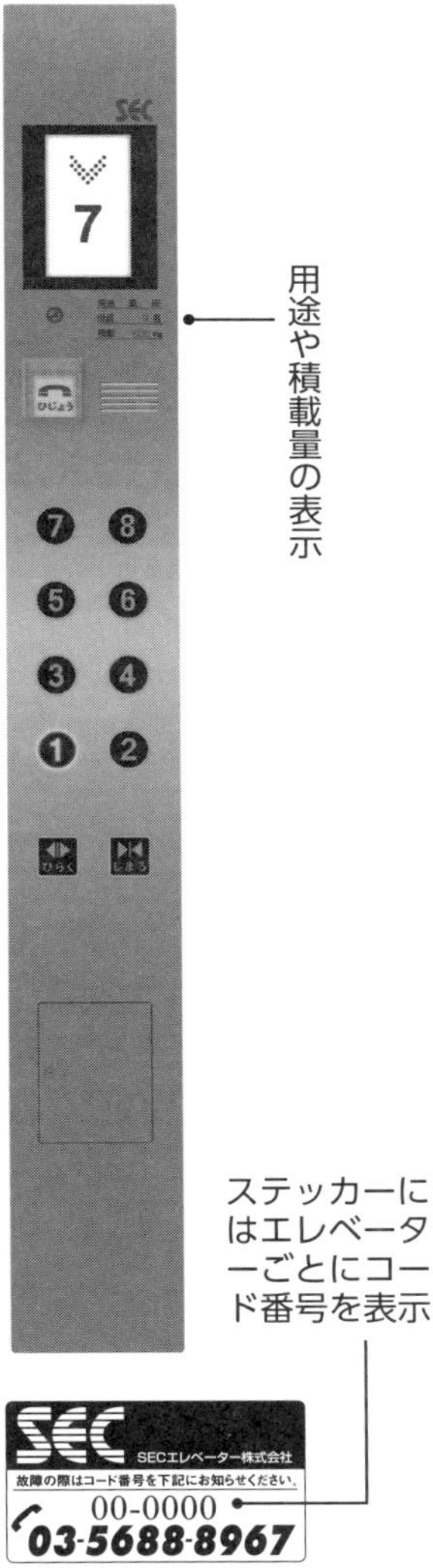

操作盤とメンテナンス会社のステッカー

◉カゴ室内

皆さんがエレベーターといって思い浮かべるのは、乗って垂直移動する「カゴ」です。「カゴ」というイメージはないかもしれませんが、業界ではそう呼ばれますし、正式な名称です。

カゴには、さまざまなことが求められています。安心して使えるための「安全性」、便利に使えるという「機能性」、ストレスなく乗れるための「快適性」。それらを実現するために、カゴには幾つもの「仕掛け」が施されています。

まず「安全性」ですが、カゴが何でできているか考えたことはあるでしょうか？　鉄製であることは直感的にお分かりでしょうが、エレベーターカゴには、使用できる素材が決まっています。「一般乗用」の場合、天井及び扉面以外の3面は鋼板です。床（プラットフォーム）は、鋼で枠組みをし、中間材を敷いた上に、ゴムタイルや大理石、または、鋼板に面材を貼るなどします。中間材として木材を用いるケースはありますが、法令では「難燃材料で造り、又は覆うこと」が規定されており、木材などで壁・床を作ることはできません。まさかエレベーターに乗りながらタバコを吸う人はいないでしょうが、内部からの火災を防ぐため、壁内側にも難燃性シートが貼られることが多いです。

安全面への対策としては、非常時に備えた非常用ボタンとインターフォンの設置が義務づけられています。また、停電時には非常灯が最低30分以上・1ルクス以上でつくようになっています。これらのことは、1章（28ページ参照）でご説明しました。

また、カゴの機能として変わった機能が付いているエレベーターがあるのをご存知でしょうか？トランク付きエレベーターと呼ばれるもので、エレベーターカゴの奥の中段あたりから下部を開くことができます。これは、救急の場合の担架や棺桶を運ぶための工夫です。棺桶を運べるサイズのカゴを標準運行させるとなると、カゴが大型化し、最大積載量も大きなものとなってきます。これは、中規模くらいまでのマンションには大きすぎます。巻上機などの機器も大型化しますし、電気代などにも影響します。

そうしたことから、普段は適性サイズで運行し、いざ必要があるときだけ、一部を拡張できる仕組みにしているのです。

◉ドア

ドアの開閉についても、解説しておきましょう。これについてはやはり、「見えない部分」の話になります。

エレベーターを安全に利用するにあたり、ドアは最も重要な部品といえます。

ドアの開閉は機械的な仕組みで行われています。

一般に「ドア」といいますが、乗用エレベーターでは通常扉はふたつあります。ひとつはカゴの出入り口となる扉、もうひとつは、各階の乗り場に設置された扉です。専門用語では、カゴ側の扉を「カゴドア」、乗り場側を「乗り場ドア」と呼びます。このふたつが連動して開くことで、乗り場とカゴの行き来が可能になります。

乗り場の扉は、通常、閉まった状態でロックがかかっています。これを手動で開けることはまずできません。乗り場からロックを外すことも無理です。

では、このロックを外すのは何か？　それがカゴなのです。

乗り場のロックは昇降路側に設置されています。ガチャンと突起物と噛み合わせる「跳ね上げ式」のロックなのですが、これを解錠するのが、カゴの扉になります。カゴが到着し、その扉が開くときに、扉とロックが系合《けいごう》し、ロックが跳ね上がります。そして、カゴ扉と連動し、乗降階扉も開く仕組みになっているのです。

1章の「デリケートなエレベーター」（30ページ参照）のところで、扉のしきいに小石などの異物があるとトラブルが起こる、とご紹介したのは、この仕組みに関係しています。異物があり乗降階扉が閉まらなくなると、ロックもかからなくなり、エレベーターの稼動が中止させられるのです。エレベーターは、すべての乗降階の扉が閉まっていなければ稼動できない仕組みになっています。

ドアが開いたままエレベーターカゴが昇降するということがエレベーター利用者にとって最も危険な状態です。2009年の建築基準法改正では、戸開走行保護装置と呼ばれる「UCMP」(注)

の設置が義務づけられるようになりました。ドアが開いたままの場合は、走行できないようにカゴを制止するシステムです。

ところで、この扉についてですが、扉の開き方は幾つか種類があります。大きく分けると、開閉時間が短いため不特定多数の利用に適した「センターオープン方式」(両開き)、間口が狭い場所でも設置できる「サイドオープン方式」(片開き)に分けられます。

(注　Unintented Car Movement Protection＝意図的でないカゴの動作の保護)

コラム

UCMPとは何か

UCMPは、カゴの動作の異常を感知するシステムです。駆動装置や制御装置に故障が生じ、カゴ及び乗り場階のすべての扉が閉まる前にカゴが昇降してしまうことを防ぎます。異常を検出した場合は、自動的にカゴを制止します。UCMPは何か特定の機器を指すのではなく、制御のシステムの名称です。日本語に置き換える場合、一般的に「戸開走行保護装置」と呼ばれます。2009年改正の建築基準法施行令で設置が義務づけられ、エレベーターの安全性はさらに高まりました。

◉快適空間のために

エレベーターには安全性が最も重要であることは当然ですが、「快適性」も重要な要素です。エレベーターにおける快適性とは、乗っていて気持ちがよいこと。短時間の利用とはいえ、ともすればそこはマンションやオフィスビルにとっての「顔」のような存在です。エレベーターが汚らしいマンション・ビルでは、ビル全体の印象まで悪くなってしまいます。

エレベーターを快適にするためには、まずは清潔さを保つことが欠かせません。また、明るさも大事です。照明が暗い、ましてや電球が切れかかっている……という状況は、防犯上もよくありません。最近は、間接照明などの形で、わざと暗いライティングをするエレベーターもありますが、乗ったときに「暗い」と感じるようなエレベーターは感心できません。

内壁のシートなどがはがれているエレベーターもみっともないですね。人間は不思議なもので、きれいなエレベーターは大事に使うのですが、汚れているものだと、粗雑に扱うようになります。

さて、明るさ、汚れ、とくれば、次に気になるのは、匂いです。

言うまでもなく、エレベーターは扉を閉める密閉空間。通気口があり空気の流れはあるものの、どうしても匂いはこもります。匂い対策はなかなか難しいですが、最近は各メーカーから消臭装置なども開発されています。余裕があれば、こうした設備はぜひ付けたいところです。

さらに余裕があれば、エアコンも好印象です。夏場、外を駆け回ってきて、ひんやり冷えたエレベーターに乗ったときの心地よさたるや、何ともいえません。

このほかエレベーターには、防犯カメラや手すり、鏡など、さまざまなものをオプションで設置できます。気持ちよく、安心して利用できるエレベーターが日本中で増えていくことを願っています。

安全装置

■何重もの安全対策がされている

前項までのように、エレベーターは安全に配慮して非常に慎重に設定されているのですが、それでも突発的な事態は起こり得ます。1章で見てきた地震、火災、水害、停電、使い方によるトラブル、さらには、メンテナンス不良による不具合などです。例えば、ロープが切れたらどうなるのでしょうか。

エレベーターで一番危険なのはやはり落下です。先にご説明した通り、カゴとつり合いおもりのバランスによってはカゴが急上昇することもあり得るのですが、意図しない急上昇を含め、エレベーターの緊急対策は、主にブレーキ異常に対して行われています。

意図しない上昇と落下を防ぐためのさまざまな安全装置をご紹介します。

◉マシンブレーキ

マシンブレーキはエレベーターの安全のすべての基本となります。

ではマシンブレーキはどこにあるのか。それは、巻上機についています。

マシンブレーキには主にドラムブレーキとディスクブレーキの2種類があります。いずれもドラム部もしくはディスク部にブレーキパッドを押し当てて止める構造です。

初期のエレベーターではモーターを減速させ、モーターへの電源供給を切ってからブレーキをかけ、惰性で回っている巻上機を止める方法をとっていました。自動車でいえば、アクセルをまずはゆるめてその後でフットブレーキを踏むイメージです。

それに対して現在では、モーターでエレベーターを完全に停止させてからブレーキをかけて動かないようにしています。自動車でいえばサイドブレーキのイメージですね。

ブレーキは、強力なバネの力でブレーキパッドをドラム部ないしディスク部に押し当てること

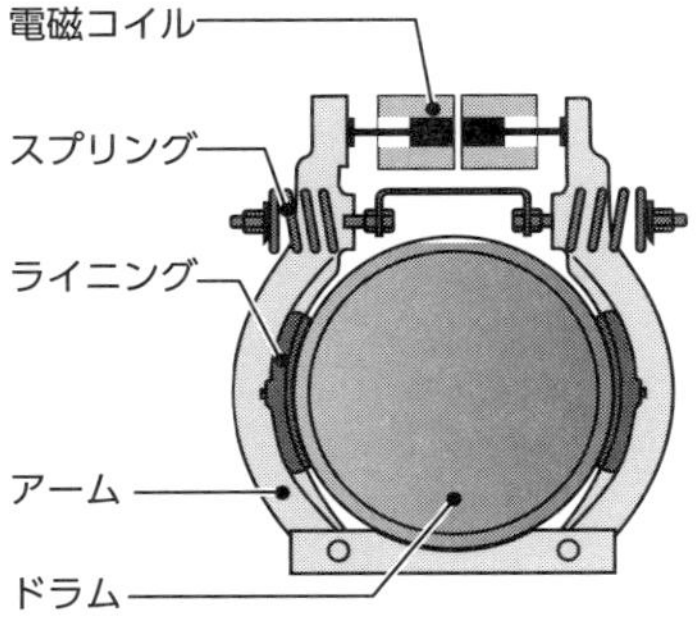

マシンブレーキ

によりエレベーターが動かないように固定する仕組みとなっています。そして「エレベーターを動かしなさい」という指令が出た時だけ、電磁コイルの力を使ってブレーキアームを開けるようになっています。つまり停電時や何らかの不具合でエレベーターを動かしてはいけないときには、強力なバネの力でエレベーターをしっかりと保持する構造になっているのです。

ですから、何らかの異常を制御盤がキャッチしたら、モーターへの電力供給が緊急カットされます。そうすることによってブレーキアームが閉じられ、自動的にブレーキがかかるのです。

２００９年の建築基準法改正により、現在の巻上機は機械のシステムや電気回路が独立して設けられた2つのブレーキを持つことになりました。

建築基準法施行令では「ブレーキ装置は『常時作動型二重系ブレーキ』と、常時作動する電磁ブレーキとは別のブレーキ装置により構成する『待機型二重系ブレーキ』がある。これらのブレーキの定格積載に対する保持能力は乗用及び人荷用エレベーターで『常時作動型二重系ブレーキ』は両側で１２５％以上、片側で１００％以上とし、『待機型二重系ブレーキ』は常時動作側で１２５％以上、待機側で１００％以上とする」と規定されています。

いずれにしても、ひとつでカゴを止められる性能を持っているブレーキをふたつ設置することが義務づけられています。なんとも心強い話です。

◉調速機（ガバナー）と非常止め装置

マシンブレーキ以外にもカゴを止めることができる装置があります。それが調速機（ガバナー）と非常止め装置です。

調速機は巻上機を小型にしたような形でその隣に設置されており、巻上機と連動して稼動しています。巻上機は制御盤によってコントロールされているわけですが、調速機は、いわばその監視役というところです。

例えばプールの監視員がそうであるのと同じで、順調にいっているときは監視役の出番はありません。にわかに忙しくなるのは、主役である巻上機に異常が発生したときです。

調速機は機械的な仕組みで働く安全装置です。

ガバナーロープとエレベーターのカゴが連動していて、エレベーターが動くとガバナーロープも一緒に動いて調速機の綱車も回転し始める仕組みです。綱車にはおもりが付いていて、綱車の回転に伴って遠心力が生まれます。通常はおもりが一定の範囲内で膨らむのですが、エレベーターが何らかの異常を起こして規定の速度を超えると、おもりが遠心力によって大きく膨らんで緊急のスイッチが入るようになっています。

また、カゴを止める方法もふたつの段階があります。

まず、定格速度の1・3倍を超える前にモーターへの電源供給が止められ、同時にマシンブレーキが作動してエレベーターを停止させます。

万が一それでもエレベーターが止まらない場合は、定格速度の1・4倍を超えないうちに機械的に非常止め装置を作動させます。まずは調速機がガバナーロープを動かないように固定します。そのガバナーロープと連動するようにカゴに設置されている非常止め装置が、レールを機械的に掴むのです。レールをくさびで掴むのでカゴは下に行かないようにがっちりと固定されることになります。

なお、非常止め装置が働き高速から急激に減速することになると大けがを招く恐れがあるため、非常止め装置には、分速45メートル以下で設置できる「早利き非常止め装置」と、それ以上の高速機に用いる「次第利き非常止め装置」の2種類があります。基本的な仕組みはどちらも同じです。「次第利き非常止め装置」では徐々に働くように設定されています。安全装置について定める建築基

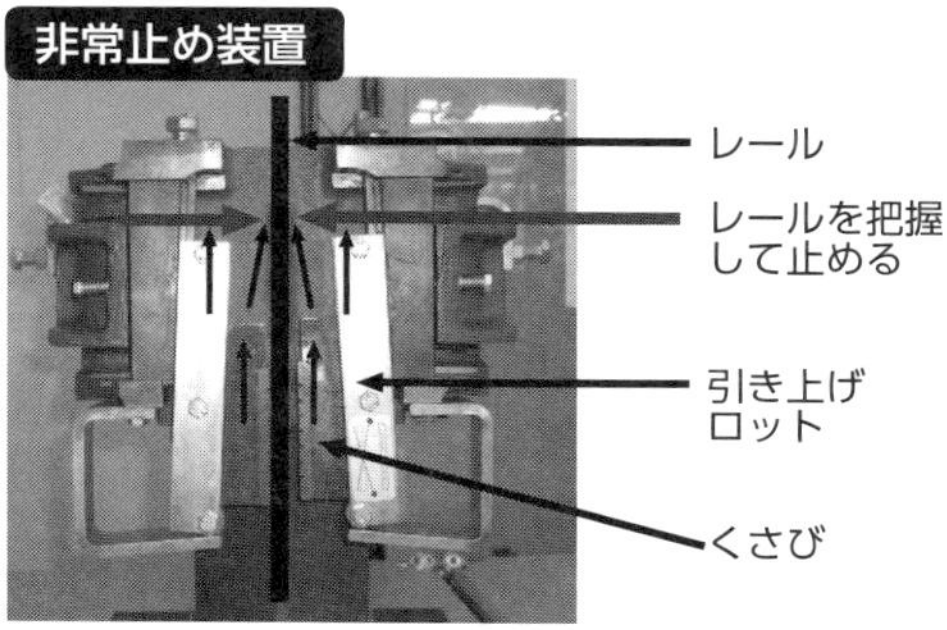

調速機（ガバナー）と非常止め装置

準法施行令では、「自動的かつ段階的に作動」し、垂直方向の加速度が9・8メートル毎秒の2乗を超えないでカゴを制止するように規定されています。

この非常止め装置こそが、1853年にオーチスが開発した「ロープが切れても落下しない安全装置」です(128ページ参照)。万が一メインロープが全て切れてしまったとしてもエレベーターは落下せずにガイドレールに固定されるのです。

◉リミットスイッチ

リミットスイッチはカゴの行き過ぎを検知する装置です。

一般的に最上階と最下階にそれぞれ3個ずつ合計6個が付いていて、それぞれ「強制減速リミットスイッチ」「行き過ぎ制限リミットスイッチ(レベルリミットSW)」「ファイナルリミットスイッチ」という名称がついています。

強制減速リミットスイッチは、何らかの不具合で本来減速していなければならないカゴを強制的に減速させるスイッチです。

行き過ぎ制限リミットスイッチは、本来最上階あるいは最下階において停止する位置に止まりきれず、行き過ぎてしまった場合に基準の数十ミリ先でこのスイッチが動作してカゴを強制的に停止させるスイッチです。

ファイナルリミットスイッチは、行き過ぎ制限リミットスイッチが動作してもカゴが止まらなかった場合に最終的にカゴを停止させるスイッチです。

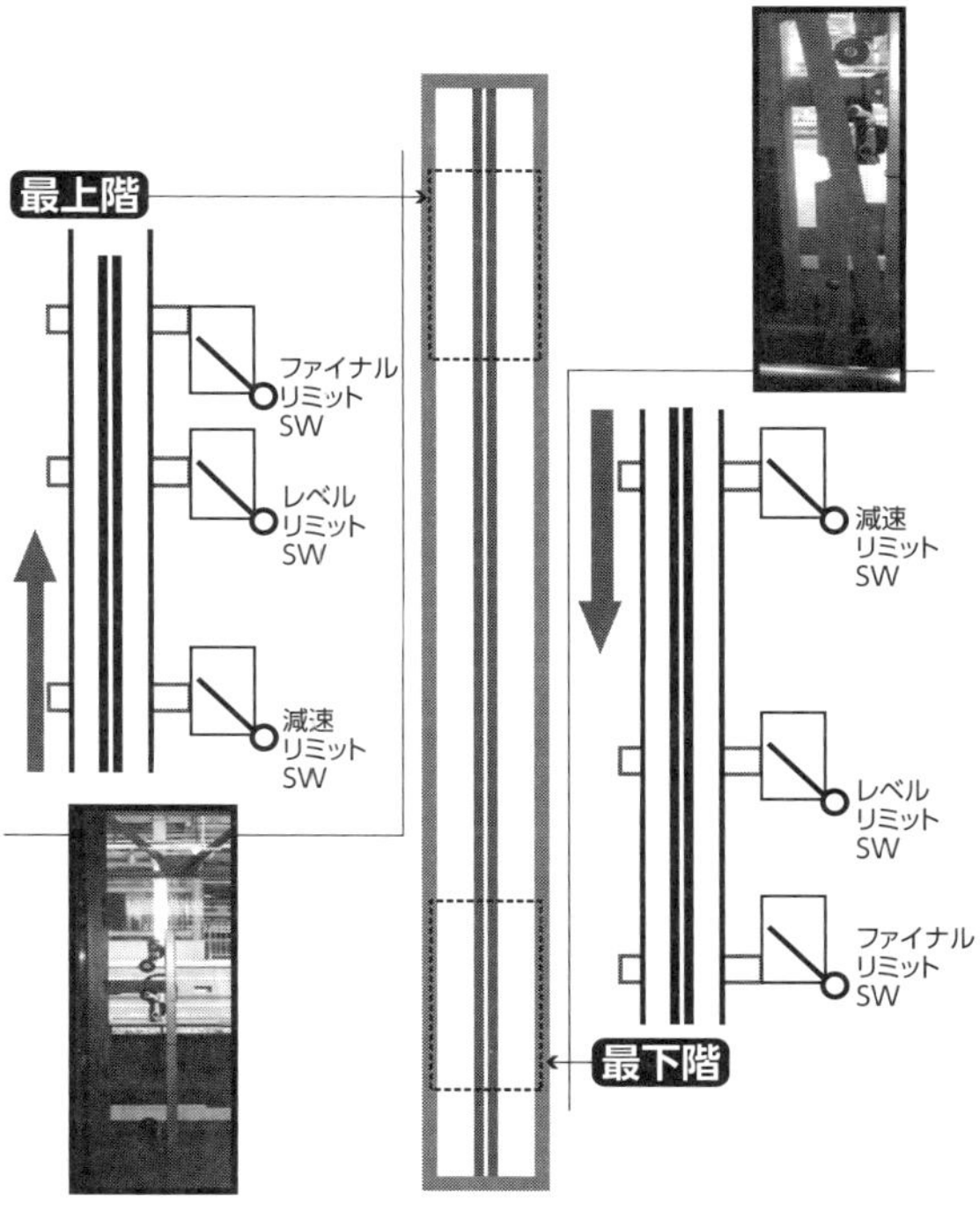

リミットスイッチ

◉緩衝器（バッファー）

昇降路の最下部には、万が一に備えて、緩衝器（バッファー）が必ず設置されています。緩衝器には幾つか種類があり、対象エレベーターによって使用するものが変わります。分速60メートルまでの低速エレベーターにはスプリング緩衝器、それ以上の速度のエレベーターにはオイル緩衝器を用います。スプリングは文字通りバネのタイプ、オイル緩衝器は、オイルが満たされたシリンダーで衝撃を受け止めるものです。

ちなみに、これはつり合いおもりの下にも設置されています。カゴが天井に突き上げる前におもりが緩衝器に衝突して、カゴがそれ以上突き上げないようになっています。

スプリングバッファー

クラッシャブルバッファー

オイルバッファー

緩衝器（バッファー）

■カゴ周りの安全対策も万全

整理すると、エレベーターにはまず、ロープの稼動をコントロールする巻上機に二重系のブレーキが付いています。それでも速度異常が起こる場合には、速度超過の1・3倍を超える前にモーターへの電力供給カットで緊急停止をします。それでもなお速度超過が止まらないときには、機械的な仕組みによって、カゴが側面のガイドレールを掴んで止まるのです。

さらに、最悪のケースでそれでも落ちてしまった場合、最後の砦として、地上にはそのエレベーターに最適の緩衝器(バッファー)が設置されています。

エレベーターが安全な乗り物だということが、これでご理解いただけたのではないでしょうか。

◉乗り過ぎブザー

エレベーターにはそれぞれ最大積載量が設定されています。それを上回る荷重があった場合にはモーターの力では上昇させることができずにずるずると下方向に滑っていってしまいます。

それを防ぐために「最大積載量を上回っている場合はブザーを鳴らして、最大積載量を下回るまでドアを閉じない」という安全機能があります。万が一最大積載量を上回った状態でドアを閉じ、マシンブレーキを解放してしまうと、ゆっくりと滑り落ちて緩衝器までカゴが落ちてしまうかもしれません。

ブザーがなってしまったら残念ですが諦めて次のエレベーターが来るのをお待ちください。

◉ドアセーフティシュー

なお、皆さんよくご存知と思いますが、ドアには、人・物が挟まりそうになると自動で開くシステムが採用されています。旧来のエレベーターで採用されているのは、扉の先に「セーフティシュー」という感知機を突き出させ、そこが押されると反射的に扉が開くシステムですが、最近はエリアセンサーという赤外線などで感知するシステムの扉も多く普及しています。

このドアセーフティシューがあるためにドアに挟まれてケガをするようなことがないのです。ただし、敏感に設定されているだけに取り扱いには注意も必要です。ドアセーフティシューが何かにぶつかって変形してしまったり、エリアセンサーの汚れにより誤反応が起こってしまい、ドアが閉まりきらずに開いてしまうという故障もよく見られます。

コラム

エレベーターに関する法令

ちょっと堅苦しいですが、エレベーターに関する法律についても少しご説明しておきましょう。

エレベーターの安全を守るために、さまざまな法律があります。

まず、最も重要なのが建築基準法です。年1回の法定検査などが、この法律によって規定されています。また、エレベーターの構造に対する規定などは、建築基準法施行令で定められています。これによって、ハード面の安全性を担保しているのだといえます。

災害時に備えた法律は、消防法です。特に非常用エレベーターの設置基準や遮煙区画の指定などで細かい規定が設けられています。

一方、エレベーターは一般乗用だけではありません。工場など多くの労働現場で用いられている簡易リフトなどは、労働安全衛生法、同施行令などによって、設置基準などが規定されています。

エレベーターは安全運行が責務ですので、関係する法律を熟知し、かつ、改正などの新しい動きに敏感に対応しながら、法にそった管理・運用が重要だと考えています。

おもしろエレベーター

日本国内で稼動するユニークなエレベーターをご紹介。

四方津駅《しおつえき》（山梨県）の斜行エレベーター

ＪＲ中央線の「四方津駅」と、駅の直下に開けるニュータウン「コモア・しおつ」を結ぶエレベーター（エスカレーターも併設）は、なんと斜行式。斜めに昇降し、駅と町を約3分30秒で結びます。長さが約210メートルあり、「コモア・ブリッジ」の名称で親しまれています。

珍しい斜行式エレベーターですが、国内外に幾つか存在します。あのフランス・エッフェル塔も斜行式エレベーターを採用しています。

ダブルデッキ式エレベーター

大型マンションや商業ビルで採用され出したものに、「ダブルデッキ式エレベーター」があります。これは、２つのカゴを同時運行させるもの。上下にカゴを連結し、例えば、１階と2階とで同時に乗降ができるようにします。いわば、２階建てエレベーターです。

有名なところでは、六本木ヒルズで採用されています。

成田空港にあった水平式エレベーター

2013年に運行を終了しましたが、かつて成田空港第２ターミナルには「水平式エレベーター」がありました。黄色いシャトルを記憶している方は多いのではないでしょうか。

あのシャトルはケーブルカーと間違えられがちでしたが、エレベーターの仕組みによる「ロープ式シャトル・システム」で動いていました。日本オーチス・エレベータによるものでした。

動く歩道を設けた連絡通路ができ役割を終えましたが、その車両は現在、千葉県芝山町にある「空の駅　風《ふ》和《わ》里《り》しばやま」に展示されています。

第3章

保守メンテナンスがなぜ必要なのか

1章・2章で、エレベーターの構造や万一のときの安全対策についてご説明してきました。何重もの制御システムによって、エレベーターの安全性が確保されていることがご理解いただけたことと思います。

ただし、実はこの「安全性の確保」には、不可欠な大前提が存在しています。しっかりと保守メンテナンスをしているかということです。

3章では、保守メンテナンスがなぜ大事なのか、主に私たちエレベーターのメンテナンス会社がどんなことをしているかを例にとって、ご説明していきましょう。

保守・メンテナンスとは

まず皆さんに知ってほしいのは、エレベーターには年に1度の法定検査が義務づけられている、ということです。

■年に1度の法定検査がある

この検査をクリアできないエレベーターは稼動することができません。また、危険な兆候が見られる場合は、「要重点」などの条件付きで検査が通ることもあります。いずれにせよ、危ないエレベーターが放置されることがないよう、きちんと国から監視されているといえます。

検査をするのは、国土交通大臣が認定する昇降機等検査員資格者です。この資格は、大学の工学系を修了した人なら2年以上、高校の工学系卒なら7年以上のエレベーターメンテナンスの経験があれば受験できるので、当社では、受験資格が得られ次第、全員に受験させる方針を取っています。年にもよりますが、当社の合格率は8割以上で、間違いなく平均以上です。やはり有資格者が多いと、スムーズに現場に対応できるメリットがあります。法定検査や難しい現場があっても、ほかの現場に穴を開けることなく柔軟に人材を投与していけるのも大きな利点です。

■それでも保守が必要なワケ

というわけで、「エレベーターはしっかりとした資格者が定期的に検査をしているから安心」——と言いたいところなのですが、残念ながら、ことはそう単純にはいきません。

一口にエレベーターといっても、その稼動環境はさまざまです。フル稼動で、四六時中動いて停まってを繰り返すエレベーター。定員いっぱいまで人を乗せることが多いエレベーター。一方で、滅多に使われることがなく、停まっていることのほうが多いエレベーター……。

それぞれの使い方によって、エレベーターの部品の各所に損傷や不具合が生じていきます。四六時中稼動しているエレベーターならさまざまな部品が消耗します。マシンルームレスエレベーターは、ロープの摩耗が早い傾向にあります。

そうした、それぞれのエレベーターを適切に稼動させていくには、保守メンテナンスが欠かせません。1台1台を丁寧に見て、それぞれに合わせた安全対策を取っていくことが大切なのです。

では、もしこの保守メンテナンスをしなかったらどうなるのでしょうか?

数はそう多くないといわれますが、現実には、「無保守」のエレベーターがあるのも事実です。「無保守」が、新設間もないエレベーターならまだいいでしょう(といっても、不良品や設置の不具合など、新設ならではの心配点もあるのですが)。しかし、数年使われているエレベーターとなると、かなり不安が高まります。無保守の場合に起こりうる損傷を列記してみましょう。

ロープの摩耗、ストランドの切断
ロープの潤滑油切れ
各部の油切れ
ブレーキの不具合
電気類の不良
非常止めにサビ

やはり怖いのは、潤滑とサビ止めになる油が切れてしまうことと、ロープやブレーキなどの摩耗です。これらは、最悪の場合、ロープの切断を招きかねません。

せっかく付いている安全装置にしても、無保守であれば、何も働かずにカゴが落下するということになりかねません。

エレベーターの安全を保つためには、異変が小さなときに見つけて対処することが重要です。というのも、エレベーターの機械関係は、摺動《しゅうどう》運動が多いのが特徴だからです。エレベーターでは、滑車を動かす、ロープを出し入れする、といった同じ動きが四六時中繰り返されています。そこに何らかの不具合が生じると、最初はごく小さな異変だったのが、雪だるま式に拡大して大きなトラブルにつながっていってしまいます。

例として、意外なケースをご紹介しましょう。ブレーキへのゴミの付着による事故です。定期的なメンテナンスをしていない機械室はホコリもたまりがちで、中には蜘蛛の巣が張ってしまっているようなところもあります。そうしたゴミがブレーキに付着してしまった場合、それが異物となって、ずっとブレーキに絡んだ状態になってしまいます。隙間ができることでゴミがより付着しやすくなり、いつしか、ブレーキが利かなくなってしまいます。

こうした事態を防ぐためには、できれば月に1度、どんなに少なくとも3カ月に1度は、定期的な保守メンテナンスをしていくことが不可欠なのです。

■定期的なメンテナンスは何をするのか

保守メンテナンスは、エレベーターの所有者や管理会社が、当社のような保守メンテナンス会社と契約を結ぶことから始まります。

受注する保守メンテナンス会社にもよりますが、当社の場合では、「月に2度」「月に1度」「2カ月に1度」「3カ月に1度」などのメンテナンスのコースをつくり、定期的なメンテナンスを行っています。ご自宅に設置するホームエレベーターのような特殊なケースでは「1年に1度」というコースもありますが、基本的には、「月に1度」のメンテナンスをお勧めしています。

月に1度のペースでメンテナンスをするメリットは、小さな異変を早く見つけられることに加え、年間を通じたメンテナンス計画を立てやすいことにあります。

といいますのも、エレベーターのメンテナンスは、1年計画で行っていくのが基本だからです。施設管理にかかわっている方でもなければ普通は知らないことですが、施設の保守メンテナンスは、国の基準が明確に定められています。「建築保全業務共通仕様書」というものです。これは、公共施設やオフィスビル、マンションなどの施設管理者が施設の保全業務を行う際に用いるもので、国土交通省から示されています。エレベーターの保守メンテナンスについても、その中で厳密に指示されているのです。

その指示具合は、例えば、▼電磁ブレーキのスリップの異常の有無を点検（＝1カ月点検）、▼巻上機の潤滑状態の良否及び油漏れの有無を点検（＝1カ月点検）、▼カゴ操作盤の作動の良否を点検（＝1カ月点検）、▼ドアレールの取り付け状態の良否を点検（＝6カ月点検）、▼電磁ブレーキの制動力をチェックし、その良否を確認（＝1年点検）、▼注入式の緩衝器の作動油の油量の適否を点検（＝1年点検）――といった具合で、検査項目もタイミングも、かなり具体的に定めています。私たち技術屋は、その仕様にそって、エレベーターのチェックやメンテナンスを行っているのです。

このことは、どのエレベーターも安心して使えるという意味で、利用者にとっては非常に重要な意味を持つことと思います。だれもが使うエレベーターは、いわば「公共交通機関」です。建築基準法でエレベーターの構造が規定されているように、エレベーターの点検についても公的に定められています。メンテナンス会社が勝手に点検項目を減らしたりしてはいけないのです。

さて、そんなわけで、エレベーターの保守メンテナンスというのは建築保全業務共通仕様書に沿って行うのですが、仕様書では、先述の通り、6カ月ごと、1年ごと、などと、点検すべきことを定めています。例えば6カ月ごとのものをピックアップしてみましょう。12項目を抜粋します。

1　電磁ブレーキのブレーキシュー、アーム及びプランジャーの作動の良否を点検
2　カゴ速度検出器が正しく機能しているか確認
3　ドアレールの摩耗及びサビの有無を点検
4　各階強制停止装置の作動の良否を点検
5　メインロープ及び調速機ロープがほぼ均等な張力であるか点検
6　つり合いおもりの取付状態の良否を点検
7　ファイナルリミットスイッチの取り付け状態の良否を点検
8　給油器の給油機能の状態の点検
9　乗り場の戸及び敷居のドアシュー及び敷居溝の摩耗の有無を点検
10　緩衝器の取付状態の良否を点検
11　非常救出口スイッチを作動させた場合にエレベーターが停止することを確認
12　カゴ上安全スイッチ及び運転装置の作動の良否を点検

これ以外にも6カ月ごとの点検項目はありますし、さらに、1年ごとの点検項目、3カ月ごと、1カ月ごとの点検項目もあります。ここでは、一般乗用のマイコン制御・ロープ式エレベーターを例に取っているのですが、この場合、検査項目は約190項目にも上っています。

これだけの数があれば、「1度にまとめて実施」というわけにいかないのがご理解いただけると思います。先にピックアップした6カ月ごとの点検項目を見ても、機械室の作業もあれば、カゴを見ないといけないものもあります。さらに、ロープのチェックや昇降路、各階の乗り場の点検というものまであります。これを全部1日で終えるのは、まず困難です。点検中はエレベーターのご利用を一時中止しますので、長時間の点検はユーザーにも迷惑をかけてしまいます。

だからこそ、1回1回の点検を計画的に実施していくことが重要になってきます。例えば、先の6カ月ごとの点検項目は12項目ありますが、これを12カ月で分散すれば、1回の作業時にはこの中の1つだけを行えばよいということになります(厳密には、1年ごと点検などもあるので、作業量はもっとありますが)。

先にお伝えした「1年を通しての計画」というのは、このような意味です。定期的なメンテナンスを始める最初の段階で1年を通したメンテナンスのプランを作り、よほどの異変がない限り、そのプランにそって「今月はここ」「来月はこの部分」という感じでメンテナンスを行っていきます。丸1年経って法定検査を受けるときには、「すべてのパーツが確実にメンテナンスされていて何の問題もなし！」というわけです。

このような理由から、当社ではできるだけ「月に1度」の保守メンテナンスをお勧めしています。

1ヶ月点検項目（抜粋）	
機械室の室内環境において	室内清掃及びエレベーターの機能上又は保全の実施上支障のないことを確認する
機械室の巻上機において	潤滑状態の良否及び油漏れの有無を点検する
機械室の電磁ブレーキにおいて	スリップの異常の有無を点検する
機械室の電動機において	異常音、異常振動及び異常温度の有無を点検する
機械室の調速機において	異常音及び異常振動の有無を点検する
カゴの運行状態において	加速・減速の良否並びに着床段差及び異常振動の有無を点検する
カゴの戸の開閉装置において	戸の開閉状態及び開閉時間の良否を点検する
3ヶ月点検項目（抜粋）	
機械室の室内環境において	エレベーターに係る設備以外のものの有無を確認する
カゴの戸及び敷居において	ドアシュー及び敷居溝の摩耗の有無を点検する
カゴの戸及び敷居において	ビジョンガラスの汚れの有無を点検する
6ヶ月点検項目（抜粋）	
機械室の電磁ブレーキにおいて	ブレーキシュー、アーム及びプランジャーの作動の良否を点検する
メインロープにおいて	すべてのメインロープが、ほぼ均等な張力であることを点検する
ピットの緩衝器において	取付け状態の良否を点検する
1年点検項目（抜粋）	
機械室の電磁ブレーキにおいて	ブレーキライニングの摩耗の有無を点検する
昇降路のガイドシューにおいて	取付け状態の良否及び摩耗の有無を点検する
メインロープ及び調速機ロープにおいて	摩耗及びサビの有無、破断の有無を点検する

メンテナンス項目（抜粋）

■保守メンテナンスの実例

ここで、保守メンテナンスの実例をご紹介しましょう。

当社で比較的多いパターンは、メーカー関連会社が数年間メンテナンスしてきたエレベーターを引き継ぐケースです。施設やマンションの管理会社が代わって当社に依頼が来るケースや、ビルオーナーが「もう少し保守メンテナンス料を安くしたい」という場合です。ここでは、以前までメーカー関連会社が保守メンテナンスしてきたものの、1年ほど無保守にしてしまったエレベーターを例に取ってみましょう。

◇

保守メンテナンスなんて本当は要らないんじゃないの？――そんな思いがよぎって1年ほど無保守にしてしまったビルオーナー。法定検査で「きちんとメンテナンスしたほうがいいですよ」の一言を添えられ、「そうか。やっぱり定期的な保守メンテナンスが必要なんだ」と思い直しました。いろいろ調べた中から、独立系最大手の当社をご選択。保守メンテナンス料がメーカー関連会社よりも低額なのも好印象だったようです。

とはいえ、正直、1年も無保守でいれば、油切れに始まり、各所に不具合が出始めているものです。このケースでは新設から10年経過したエレベーターでしたので、環境によってはロープ自体も交換を考え出す頃です。先にも触れましたが、今のエレベーターは精密なので、5年ぐらい経った頃から交換部品も増えてくるのです。

保守メンテナンスは、「保守」という名の通り、良い状態をキープするために行います。修理・修繕とはまた違います。ですから、保守メンテナンスをスタートするにあたっては、まずそのエレベーターを、良い状態にしておかなければなりません。ロープのストランド（ロープを構成する一束）が切れているのを、そのまま引き継ぐわけにはいかないのです。

そのようにして状態を改善していただいてから、定期的な保守メンテナンスが始まります。「定期」の度合いは、契約によります。当社では「毎月」をお勧めしますが、ご要望によっては、隔月や3カ月に1度の定期メンテナンスも可能ですし、月に2度という場合もあります。この事例では、「毎月」が選択されました。

さて、いよいよ、月ごとの保守メンテナンスです。

実は、その初回は、どの現場でもやることが決まっています。プランの作成です。先ほどの「1年を通してのメンテナンス計画」を最初に立てるのです。

そのため、初回は、ベテラン技術者を含めた複数人で出向き、改めて、エレベーターの状態をチェックしていきます。

このときの現場調査は、見積り時の調査とは意味が違います。今後の定期的な保守メンテナンスに活かしていく現場調査となるので、機械の状態を見るだけではなく、エレベーター自体の稼動頻度や利用のされ方、可能であれば、どのような人が利用するのかといったことも確認していきます（ビジネスマンが多い、車いすの人が多い、利用時間に偏りがある、等）。

また、昇降路や制御盤のカギがどこに保管されているのか、管理人は普段はどこにいるのか、といったことも確認し、管理責任者の方には、必ずご挨拶に伺います。管理責任者の方と保守メンテナンス会社は、施設の安全を守るためのパートナーです。良い関係を築けるように、当社では、保守メンテナンスの担当者には、毎回の挨拶を徹底させています。

このようにして状況をチェックし終えてから、具体的に今後の保守メンテナンスのプランニングをしていきます。保守メンテナンスは1年をかけて計画的に行うことが効率的なので、どのタイミングでどのメンテナンスを行うかを計画するのです。

このプランニングの基本は、優先順位を適切に判断する、ということです。そして、交換すべき部分の交換時期がいつ頃かを推測し、予想の少し早めの段階でチェックできるようプランを立てていくのです。

その割り振りができれば、あとは、その作業量などを考え、同時にできそうな点検を同月に、大掛かりな別の点検は前後の月に、というように配分していきます。これが1年を見てのプランニングです。

これさえできれば、あとは、粛々と業務をこなしていくことになります。当社の場合、基本的に、担当制を敷いています。これは、責任所在を明確にすることと、それぞれ特色や使われ方の違うエレベーターに対して、高度に対応するための措置です。エレベーターの設置状況は千差万別なので、このビルは担当A、このマンションは担当B、というように担当制にしたほうが、現場で戸惑うことが少なくて済むのです。

当社の場合、一人のメンテナンス員が現場を回る数は、概ね1日で5~8現場。1カ所の滞在時間は平均すると45分前後です。プランニングによってその日の作業内容は決まっているので、メンテナンス員が現場でまごつくことはまずありません。万一、重大な欠陥や大掛かりな修繕項目を発見したときには、当社の専門スタッフが対応します。メンテナンス員がそこにかかりっきりということにはならないシステムなのです。

このようなシステムを取ることで、計画的にエレベーターの保守メンテナンスをしていけるようになります。「前の現場でトラブルがあったので、今日のメンテナンスには行けません!」なんて会社では、安心して頼れないですよね。エレベーターの保守メンテナンス中は、エレベーターを稼動させられません。ですからお客様も、「メンテは休館日に」とか「利用の少ない時間帯で……」などと計画をされているのです。これにできるだけ対応していくのが当社の方針です。年中無休の大型のショッピングセンターなどには、夜間の保守メンテナンスで対応しています。

制御盤実機を使った技術員研修

制御盤メンテナンス

ドアマシンのメンテナンス

コントローラーの開発

緊急時に現場に急行

マシンブレーキのメンテナンス

メンテナンス作業

コラム
メンテナンスの心得

安全のための保守メンテナンスですが、その作業には若干の危険が伴います。手動運転に切り替えてテストを行うケースも多く、チームでメンテナンスをする場合などは、情報共有が非常に重要となります。油断は禁物です。

そこでSECエレベーターでは、安全管理を徹底するために幾つかの取り組みをしています。オリジナルの「安全手帳」＝写真＝もそのひとつです。「安全心得」や作業の手順などをまとめたもので、技術員はユニフォームの胸ポケットに常に携行しています。また、重要項目については、毎日朝礼で、全員で10分ほど読み合わせをします。その結果、全技術員が年に3回くらい通読することになります。

毎日の作業の最大の敵は「慣れ」です。惰性で現場に向かうことがないよう、こうした毎日の取り組みによって、気持ちを引き締めています。

安全手帳

■メンテナンスをしているのは誰？

ところで、先の項目の中で、さらっと「メーカー関連会社」「独立系」と書いてしまいましたが、これは、保守メンテナンスをする人の所属の違いです。

保守メンテナンスをする人については大きくふたつに分けられます。ひとつは、メーカーの関連会社の技術員。もうひとつは、当社のような、どこのメーカーからも独立している会社です。

メーカーの関連会社というのは、例えば、三菱電機のエレベーターの保守メンテナンスを行う「三菱電機ビルテクノサービス」、日立製品のメンテナンスを行う「日立ビルシステム」、製造もメンテナンスも行っている「東芝エレベータ」のような会社のことです。彼らの強みは、グループの製品に精通していること、部品類をすぐ入手できること、などがあります。

一方、メーカーとかかわりがなく、保守メンテナンスを専門で請け負っているのが「独立系」です。SECエレベーターの場合は、今ではエレベーター製造も行っているのでメーカーの顔も持っているのですが、創業時から一貫してこだわってきたのは、保守メンテナンス業務です。独立系の強みは、どのメーカーのエレベーターでも保守メンテナンスできること、メーカー関連会社よりも保守メンテナンス料が安価であること、などが挙げられます。

ちなみに、メーカーであれ独立系であれ、エレベーターのメンテナンス自体には、特に資格は必須ではありません。先にご紹介したように、定められた点検項目をひとつひとつチェックしていきます。

ただしSECエレベーターでは、一定以上のレベルを保証できるように、厳しい社内研修を課しています。各メーカーの実習機を設置した専用の研修センターで、ひとつの研修に1カ月半を要するという徹底したものです。現場に出られるのは、その修了者だけです。また、新しい製品や機能も次々出てくるので、その勉強会なども頻繁に開いています。

研修センターの様子

さらに、受験資格を満たせば、当社社員は「昇降機等検査員資格」の試験を受けます。合格すると法定検査ができるようになるというメリットもありますが、それ以上に、責任感が生まれ、技術者としての自信も持てるようになるからです。

■メンテナンス会社は価格より先に信頼性で選ぶべき

さて、このような面々が日々の保守メンテナンスをしているわけですが、実際のところ、メーカー系と独立系のどちらに依頼するのが賢いのでしょうか？　また、独立系の中にもさまざまな会社がありますから、どのように依頼先を決めていくか、判断基準を設けておきたいところです。

私が考えるには、保守メンテナンス会社を選ぶときにまず絶対に必要なのは、信頼性です。一定以上の技術力があること、そして、万一のときに迅速に対応できることが最低条件としてあります。技術力については、昇降機等検査員資格者が何人いるとか、社歴が何年あるとか、管理物件が何件あるといったデータである程度の会社の実力は分かるでしょう。ちなみに、独立系最大手のＳＥＣエレベーターの場合は、昇降機等検査員資格者は約３００人、社歴は50年、保守メンテナンスするエレベーターは全国で４万５０００台以上となっています。また、万一の体制としては、年中無休・24時間体制の「緊急監視センター」を全国９カ所に設置し、技術員が待機する拠点を１６０カ所以上設けています。

こうした信頼性の次に比較対象となってくるのが価格でしょう。同じような安心感が得られるなら、費用は安いほうがいい――。これは、ごく自然な発想です。実際、価格面を重視して、独立系に保守メンテナンスを切り替える管理会社やビルオーナーも少なくありません。前述のように、共通仕様書によって点検項目は細かく規定されています。であれば、「内容が同じならば費用の安いほうを選びたい」という方がいらっしゃるのは当然のことでしょう。

ちなみにＳＥＣエレベーターを例に取りますと、価格は概ね、メーカー系よりも３割程度安価になっています。数あるメンテナンス会社の中でどこを選ぶかはお客さま次第ですが、ポイントとなるのは、まずは信頼性。それをクリアした上でコスト面ということになるでしょう。

私は私なりの考えで、今の体制、価格設定を行っています。おかげさまで独立系最大手であり続けるSECエレベーターでは、部品の在庫を大量に持ち、緊急対応を30分で行うなど、一定のスケールメリットを出せるようにもなっています。新設やリニューアルに対応できるのも、ある程度の規模になれたからです。規模を持ちながら、料金はリーズナブルのまま——それがSECエレベーターが目指すところです。

コラム
自社製品『WELSEC』

保守メンテナンス会社として、独立系ナンバーワンの実績を持つようになったSECエレベーターですが、実はエレベーター製造も行っています。ブランド名は「WELSEC（ウェルセック）」。「良い・適した」の「Well」、「安全・安心」の「Security」、「守る」の「Secure」を組み合わせ、「圧倒的な安心感」という思いを込めました。1997年にエレベーター製造許可を取得しています。

だれもが利用しやすいエレベーターを理想に「乗用」「住宅用」「寝台用」などさまざまなデザイン・機能を取りそろえています。

メーカーとしての顔も持つことで、今ではリニューアルに対し、幅広いご提案ができるようになっています。

SEC製エレベーター
WELSEC

■「フルメンテナンス」と「P・O・G」

保守メンテナンスについてはもうひとつ、「フルメンテナンス」契約と「P・O・G」契約についてもぜひ知っていただきたいと思います。

これは、保守メンテナンスの種類です。保守メンテナンスをする中では、状況によって、修理などが必要なケースが出てきます。そのときに、経年劣化におけるほとんどの部品や修理をカバーするタイプが「フルメンテナンス」契約、一方、部品交換などについてはそのつど請求させていただくタイプが「P・O・G」契約です。多くをカバーしている分、「フルメンテナンス」契約のほうが月々一定のお支払い額は割高になります。

ここでいう修理や部品交換というのは、例えばロープの交換やブレーキパッドの交換などです。これらは数年ごとに交換が発生しますが、それがいつになるかは使用頻度や環境などによって異なります。こまめに部品交換する必要がありそうなエレベーターなら「フルメンテナンス」のほうが安心です。逆に、あまり部品交換の必要が生じなさそうであれば、「P・O・G」のほうがお得ということになります。

「P・O・G」というのは、「Parts・Oil・Grease（パーツ・オイル・グリス）」の略です。カゴ内の照明やヒューズなどの「パーツ＝部品」、巻上機などに補充する「オイル＝油」、ロープなどにしみ込ませる「グリス＝潤滑油」といった消耗品類は交換部品として含んでいることを表しています。

ちなみに、この「P・O・G」の略を、「Pay of Guarantee（ペイ・オブ・ギャランティー）」と解釈する人もいます。意訳すれば、「品質保証のための経費」というところでしょう。これは案外に分かりやすい考え方で、「フルメンテナンス」との違いを明らかにするときに、言い得て妙なところがあります。というのも、「P・O・G」はまさしく品質を保つための最低の部品交換に留まるのです。油を差す、照明を交換する、といったことは、エレベーターを稼動させていくうえで最低限必要な措置です。

「フルメンテナンス」と「P・O・G」のどちらが良いか、とよく聞かれるのですが、私自身は、「フルメンテナンス」のほうに安心感を感じます。というのも、「フルメンテナンス」の場合は、機器を良い状態でキープすることを目的にしており、予防措置なども含んでいます。これに対して「P・O・G」の場合は、安全性にかかわる部品であってもその交換が契約に含まれていないものに関してはそのつど管理会社やオーナーの判断を仰いでいきます。その結果、交換の時期が理想的なタイミングから一歩遅れる場合があるのです。

　精密機械であるエレベーターは、どんな部分も、早め早めの対処が賢明です。特に、よりデリケートになっている最新機種

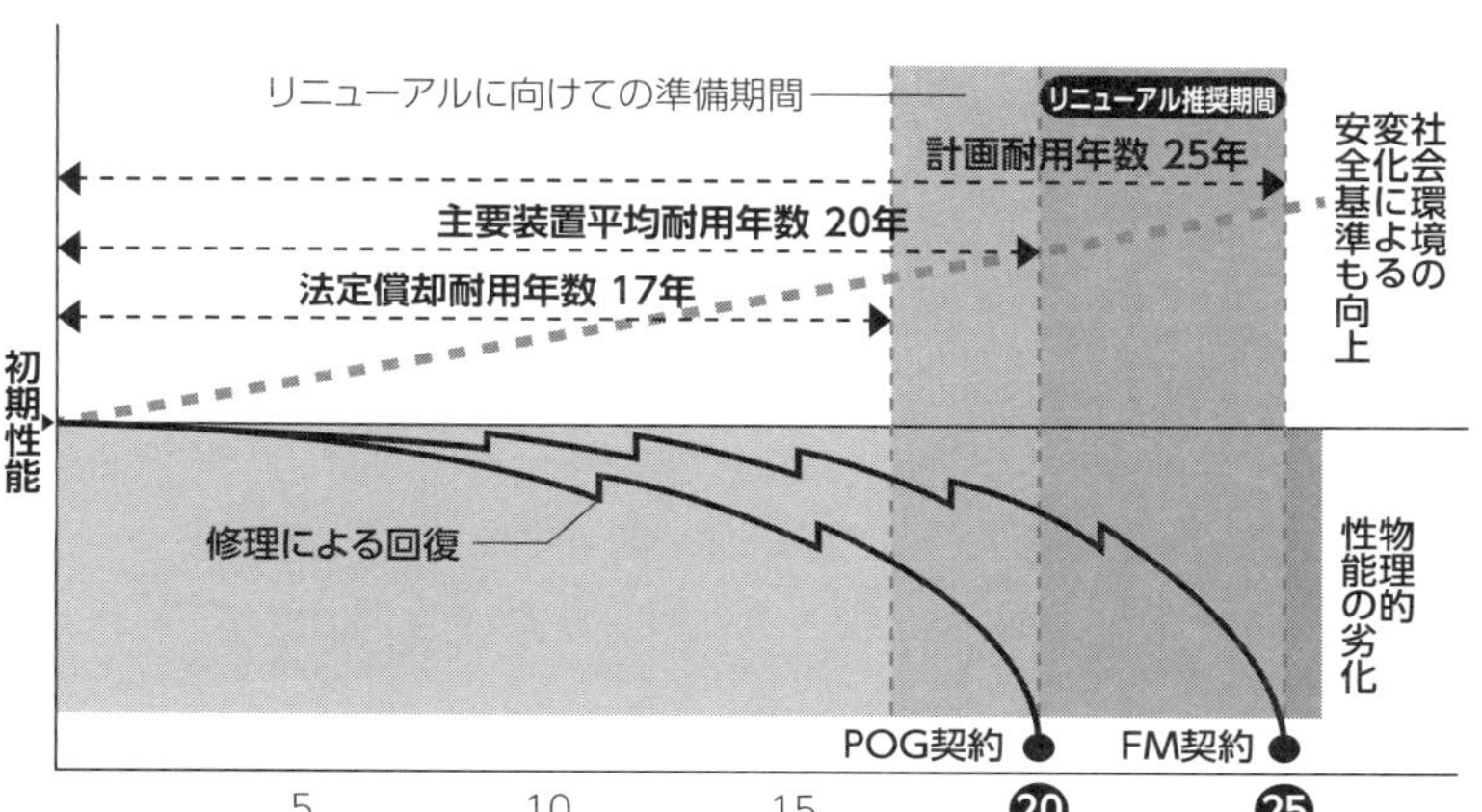

経年シミュレーション

であれば、そのニーズはいっそう高まります。シミュレーション上では、新設から一貫した保守メンテナンスを行った場合、リニューアル推奨時期が来るのは、「P・O・G」では20年、「フルメンテナンス」では25年とされています。5年の寿命の差は大きいです。

ただ、そうはいっても、中には10年間くらい何も交換しなかったというエレベーターがあるのも事実です。

「フルメンテナンス」か「P・O・G」か。

この選択は難しいところです。価格差として、当社の場合では「P・O・G」のほうが何割か安価なので、何も交換しないで10年もいけるなら、「P・O・G」のほうがお得です。しかし、ひとたび修理の必要性が生じると、予定になかった出費がいきなり

P.O.G契約での範囲	・制御盤にてのヒューズ交換
	・巻上機や調速機への注油
	・カゴ内照明及びボタン類のランプ交換
	・昇降路内機器への注油
フルメンテナンス契約での範囲	・通常使用する場合に生ずる磨耗及び損傷による各部品の交換
	・P.O.Gの内容をすべて含む
別途工事となる項目	・巻上機・電動機・制御盤等の一式取替え
	・意匠部品（カゴ・乗場操作盤、内装シート、カゴの戸、敷居、乗場戸、三方枠など）の塗装、メッキ直し、清掃又は取替え
	・遮煙構造の部材取替え
	など

フルメンテナンスとＰＯＧの比較

生じることになります。ロープ1本でも何十万円としますから、これはなかなか大変です。マンションなどの場合は全住民の同意を取らなければいけないケースも多く、それが困難という理由から、「フルメンテナンス」契約を選ぶ管理会社も多いです。

ちなみに、当社の契約状況では、「P・O・G」契約のほうが多いのが実情です。修理などの必要が生じたらそのつど出費する、という「P・O・G」のほうが、明朗会計な感じがするのかもしれません。実際には、「フルメンテナンス」であろうが「P・O・G」であろうが、私たち技術屋のすることは何も変わらないのですけどね。

コラム

メンテナンスの料金について

エレベーターは、機械として同じものだとしても、設置環境や利用状況によって状態はまったく違ってきます。停止階は幾つあるのか、稼動距離はどのくらいか、一日の利用数はどのくらいか、大人数を乗せるのか、機械室の有無はどうか、ロープは何本か、つり合いおもりの重さは何キロか——。

それぞれが違うので、保守メンテナンスにおいては標準価格というものを設定することができません。保守メンテナンス料は、現場を下見し、利用の様子などを伺ったうえでご提案させていただいています。

そのときに根拠としているのは、これまでの50年の経験です。もっと具体的に言いますと、SECエレベーターがメンテナンスしている全国約4万5000台の経験値から適正価格が出せるのです。1台1台の保守メンテナンス料が違うことに疑問を持つ方もいらっしゃるかもしれませんが、当社ではエレベーターごとの最適価格をご提案できると自負しています。

■「遠隔監視・点検」のオプションもある

ここまで、人が出向いての保守メンテナンスを前提に解説してきましたが、実は昨今、「遠隔点検システム」というサービスも広まり出しています。

通常遠隔点検でできるのは、エレベーター稼動の24時間監視と、リモート点検。あくまで電気的にではありますが、緊急監視センターに運行データを常時送っています。リモート点検においては、電気信号を送ることで、自動でドアを開閉させたり、昇降させることもできます。そうした24時間監視やリモート点検の中で異常が見られたときには、即座に社内のサービススタッフに伝達される仕組みとなっています。特に異常がない場合は、データは蓄積され、定期的な保守メンテナンス業務に生かされます。異変が小さいうちに見つけられるので、エレベーターの安全性は格段に高まります。

基本的には、定期的なメンテナンスをしていれば安全に運行できますが、より安全性を高めたい、稼動状況が厳しい、というエレベーターなら、こうした遠隔点検システムもぜひご検討いただきたいところです。

なお、遠隔点検システムは、有人の定期メンテナンスが行われていることが大前提です。遠隔点検システムだけ付けるということはできませんので、ご注意ください。

■緊急出動・緊急監視センター

私たち技術屋が検査の指針としている「建築業務保全共通仕様書」。その中には、次のような一文があります。

受注者は、24時間出動体制を整え、不時の故障や事故に対し、最善の手段で対処する。なお、故障、災害等により、エレベーターに閉じ込め又は機械停止が生じた場合は、施設管理担当者等からの連絡を受け、可能な限り速やかに復旧措置を講じるよう努めるものとする（2013年版）

つまり、保守メンテナンスを請け負う会社は、365日・24時間体制で、エレベーターのトラブルに対応できるようにしなければなりません。

当社の場合は、先にも触れた通り、全国に不眠不休の緊急監視センターを設置しています。コールセンターに入ってくる通報は、非常用インターフォンの場合もあれば、遠隔監視の自動通報による場合もあります。なお、非常用インターフォンのつながる先は管理会社など自由に設定できるのですが、ＳＥＣエレベーターではコールセンターへの通報設定を無料で提供しています。結果、保守メンテナンスを契約されている方のほとんどは、緊急連絡先を当社のコールセンターに設定されています。

気になる通報の数ですが、コールセンターへの通報は非常に多くなっています。当社の状況でいうと、常時１、２本の回線がふさがっているというくらいの感覚があります。

ただ、そんなにトラブルが多いのか！　といえばそうではなく、そのほとんどは誤報やいたずらです。救急車などでもそうですが、こうしたいたずらは本当に迷惑ですので、絶対にやめてください。

さて、本題に戻って、ではどのくらいのトラブルがあるのか、といえば、閉じ込めなどが発生するのは、月に20件程度でしょうか。それ以外では、「ドアが閉まらない」「ボタンのランプが切れている」といったトラブルが多少発生しています。

こうした状況が、インターフォンなどで話せて分かる場合はいいのですが、中には、異常の通報はあるのだけど状況が分からない、ということもあります。こうしたときは、たとえ空振りになったとしても、現場に急行します。

当社の場合、緊急コールを受け取ってから現場に到着するまでの時間は「30分以内」と定めています。さらに、問題解決まで「30分以内」。

すなわち、トラブル発生の通報を受けてから60分以内で問題を解決することを目標としています。

このような方針から、当社では30分で現場に急行できるように、営業所（技術員が待機する拠点）を設けています。当社で最大の管理台数を持つ東京本社の例でいえば、緊急監視センターを台東区に設け、新橋、新宿、池袋、青砥に営業所を設けています。さらに、千葉支社管轄の浦安営業所でも、江戸川区などの東京の一部エリアを分担しています。

営業所には、夜間でも2人体制で技術員が待機しています（地域によっては1人体制のところもあります）。通常時であれば、基本的にはこの体制で「30分で急行」が実

緊急監視センター

現できます。

もちろん、地方によっては、「30分で急行」がどうしても難しいところもあります。そういうところでは、地元の技術者の協力を得るなど、緊急時に少しでも早く対応できるようなネットワークを組むようにしています。

いま、当社の持つ営業所は全国で160カ所以上。「エレベーターはできるだけ早く復旧させるべきだ！」という強い信念で、ようやくここまでの体制を築き上げることができました。

■3・11、そのときSECはどうしたか

それでは、広範囲での巨大地震や停電などのときはどうするのでしょうか。

1章でもご説明しましたが、巨大地震や停電、そのほかさまざまな天災があれば、私たち技術員の出動回数は激増します。さすがにこのときばかりは、「30分で急行」は実現しにくいですが、「1秒でも早い復旧」は非常時でも変わりません。そういうときは公休日の技術員も総動員し、全社一丸でトラブル解消に走ります。

そうした我が社の体験の中でも、特に鮮烈だったのが、やはり、あの東日本大震災でした。あのときどのような対応をしたのか。それについては、東京本社の事例を、少しページを割いてご説明します。

２０１１年3月11日。東日本大震災は、金曜日の午後2時46分の発生でした。ビジネス、通院、学校帰り――特に土日を前にした金曜日ということもあり、人々が盛んに活動している時間帯です。ましてや東京中心部には、多くの人が集まっていました。

このとき、東北から東海にかけて数百件のエレベーター閉じ込め事故が起きていると報告されています。しかし幸いにして、東京本社の管理するエレベーターで閉じ込め事故が起こったところはありませんでした。これは、地震対策が強化された２００９年改正の建築基準法が機能した結果だとも考えられます。地震時管制運転装置ついては義務化の前からオプション設置されるケースが多いということもあり、この巨大地震のときには、多くのエレベーターで装置が働いていました。

しかし、閉じ込めにはならずとも、非常停止しているエレベーターは多数あります。13ページでご説明した通り地震時管制運転に切り替わったエレベーターは自動では復旧しませんから、技術員が安全確認に向かう必要が生じます。このときは、ＳＥＣエレベーターがこのエリアで管理する1万台以上のエレベーターだけでも少なくない台数が停止していました。それを約１００人の本社技術員で分担し、次々と再稼動させていきました。

その再稼動も、一筋縄ではいきません。巨大地震直後は、余震もひっきりなしにあり、地震時管制運転装置が働くボーダーの震度4クラスも起こっていました。そうなると、一度再稼動させたエレベーターが、再び停止してしまうことになります。それをまた再稼動させ、またまた止まり……。

当社の技術員たちは、そんな「いたちごっこ」をしきりと繰り返していたのです。私は日ごろから、「エレベーターは公共交通。利用者にご不便をかける時間は1秒でも短くしなければならない」と口酸っぱく言ってきています。うれしいことに、技術員たちには、その理念が血肉となっていたのでしょう。彼らは私の指示を仰ぐ以前に、我れ先にと、次々に止まるエレベーターに対処し、同じ現場に2度、3度と足を運んでいました。

責任感を持って復旧に闘志を燃やしてくれた我が技術員たちを誇りに思います。彼らは、寝る場所もなく、食料も乏しくなる中で、弱音を吐くことなく、3日も4日も泊まり続けて奮闘してくれました。

後で知った話ですが、メーカーや保守メンテナンス会社によっては対応が追いつかず、復旧できないエレベーターがたくさんあったようです。

そんな修羅場の中でもうれしいことがありました。首都圏全体でガソリンが乏しくなっていたのですが、本社近くでいつも利用するガソリンスタンドが、SECエレベーターに優先してガソリンを配給してくれたのです。

「エレベーターは公共の乗り物」

その認識を、ガソリンスタンドの方々も共有してくださっていました。ガソリンを入れにいくと、「大変な状況の中、ご苦労さまです！」と元気な声をかけてくださり、心まで疲れきっていた技術員たちのカンフル剤となりました。本当に感謝しています。

コラム 阪神淡路大震災のとき起きたこと

あまり知られていないエレベーター事故なのですが、阪神淡路大震災のときに、つり合いおもりがカゴを直撃するという事故が数件起きています。

これは、地震によってつり合いおもりがレールから外れてしまったのに、きちんと点検しないまま再稼動させたために起こった事故です。

動くから大丈夫、と安心しきって使ったのでしょうが、つり合いおもりはレールから外れているわけですから、ぶらぶらと揺れながら昇降しています。それがカゴとすれ違うときにカゴに衝突したわけです。その衝撃は激しく、カゴなどは簡単に突き破ってしまいます。中には命を落とされた方もいらっしゃいます。

エレベーターが緊急停止した後は、必ず、技術のある人のチェックが必要です。動くから大丈夫、などと気軽に再稼動させないようくれぐれもお願いします。

■復旧には優先順位がある

3・11のときは、そんなふうに復旧に追われたのですが、「エレベーターは60分以内に復旧させる」をモットーにする当社でも、あの非常時の中ではさすがに幾つかの優先順位を設けざるをえませんでした。まずは命にかかわる現場や司令塔になる官公庁を優先する。その次に高層ビル・高層マンションを優先する、というものです。

「命にかかわる現場」は、病院や高齢者施設などです。特に病院の稼動は絶対に止めてはならないので、当社の側から積極的に関与していきました。

また霞ヶ関の省庁のエレベーターもかなりの台数が止まっていたので、緊急連絡が入るたびに、再稼動に向かいました。官公庁は情報が集まる場所ですし、災害時には司令塔の役割も担います。その稼動を止めてはならない、ということで、省庁や区役所、消防署、警察署などには、こちらからも積極的に目を光らせて対応しました。

その次の高層ビル・高層マンションは、エレベーターがなければ外出・帰宅が困難になるので、ここも当然です。実際、3・11のときは、一部で「高層難民」というマンションから身動きの取れない人が出て、社会問題化しました。

非常時におけるこの優先順位は今後も変わらないでしょう。

思います。

■25年経ったらリニューアル

「保守メンテナンスをしっかりしていれば安心できる」ということが、ご理解いただけたことと思います。

ただ、保守メンテナンスが万能なわけではありません。いくら丁寧にメンテナンスをしていても、どうしても防げない機器の経年劣化はあります。そうなったときにできる対処は、エレベーターの「リニューアル」です。

99ページで「フルメンテナンス」契約と「P・O・G」契約のシミュレーションとして、「フルメンテナンス」なら25年、「P・O・G」なら20年——といったデータをお示ししました。

しかし、これはあくまでシミュレーション。実際には、そこまで持たないケースも少なくありません。法的には、エレベーターの法定償却年数は17年です。データ的には、設置後7年目くらいから不具合が生じ始め、その後、部品交換を繰り返しながら、状態をキープしていきます。マンションなどでは、10年目くらいで、中規模の修繕を行うのが一般的です。

そのようにして保守メンテナンスをしながら使用していくのですが、法定償却年数の17年を過ぎる頃から、次々とトラブルが出始めるようになってきます。そうして、20年目あたりで大規模修繕に入るのが多いパターンです。

これは、何もエレベーターに限った話ではなく、マンションでいえば、外壁塗装や水道管、排気口などの修繕も同じです。どの機器も、同じような時期に同じような状態になっていくのです。また、古い機械は部品などもなくなっていくことがあるので、いつまでも使い続けるというのは現実的に難しくなってきます。

さて、ではリニューアルが必要となったらどうすればいいのでしょうか。

まず最初に行うべきは、どの会社に依頼するかの選定です。メーカー系を頼るか、独立系に任せるか。ここで注意が必要なのは、メーカー系の場合は、基本的には、いま設置されているメーカーにそのまま頼むことになるということです。

もちろん技術的には、例えば、三菱から日立へ、あるいは、東芝からオーチスへ、といったメーカー変更はできるのですが、この場合、かなりの高額になってしまいます。なぜかというと、メーカー系は基本方針として、入れ替えの場合はすべての機材を総取り替えするからです。規格や保障の観点からなのでしょうが、メーカー系は、昇降路のボタンから何から、すべてを自社製造品で統一してワンパッケージとしています。従って、メーカーを変更する場合は、どうしても高額になってしまうのです。

一方、ＳＥＣエレベーターの場合は、いま設置のメーカーがどこであろうと、使えるものは再利用していく方針を取ります。従って、ＳＥＣエレベーターのほうがはるかに安価にリニューアルできます。他にも独立系でリニューアルを請け負う会社もありますが、信頼性がある会社かどうかをしっかりと見極める必要があります。

リニューアルというと、皆さんは、きれいピカピカになったエレベーターを想像されることでしょう。操作盤が一新され、照明も明るくなり、防犯カメラなど最新設備も付いたエレベーター――。

実をいうと私たち技術屋にとっては、いま挙げたようなポイントは最優先事項ではありません。大事なのは、制御系や駆動系の一新。平たくいえば、エレベーターの昇降がより安定し、スムーズになることが重要なのです。

ですから、リニューアルにおいては、基本はまず制御系から考えます。いまのエレベーターはコンピュータ制御のシステムで、インバーターによってモーターを制御しているのですが、インバーターの進化というのは、ものすごいものがあります。パソコンや携帯電話をイメージしてもらえると納得していただけると思うのですが、20年前にはとても大きかったパソコンや携帯電話が、いまでは片手で扱えるスマートフォンになり、情報量は飛躍的に伸び、音声もクリアになっています。インバーターも同じで、20年前、30年前のものと現代のものでは、その能力は雲泥の差です。

ここを替えるだけで、エレベーターは格段に利用しやすいものになります。作動がスムーズになり、乗り心地もアップ。精度が上がるので、各階での停止も段差が小さくなります。

制御系としては、ロープを操る心臓部となる巻上機も重要ポイントです。巻上機自体は頑丈なものなので長く使えますし、保守メンテナンスで注油などがしっかりされていれば必ずしも交換する必要はないのですが、20年、30年もたつと型が古くなっていることは否定できません。そこで、「使える部分は残す」という考えから、モーター部だけを交換するケースも見られます。モーターは電動式なので、ここを最新型に交換すると、かなりの省エネ効果が得られるのです。エレベーターは四六時中稼動するものなので、電力を抑えられる効果は、ランニングコストの面からも無視できません。

また、67ページでご説明したように、２００９年の建築基準法改正によって制動装置の二重化が義務づけられているのですが、当然ながら旧タイプの巻上機全体にはその仕組みが備わっていません。そこで、安全性の観点から、巻上機を一新されるケースが多く、またあまり例は多くないですが、後付けのブレーキを付ける方もいらっしゃいます。

この制御系の一新が最も大切なことですが、大掛かりな工事はそうできるものではないので、この機会にカゴ室内を快適な環境にします。また、中には、レールを替える方もいらっしゃいます。カゴ回りは、空調や防犯カメラ、遠隔装置など、各種のオプションを付ける絶好機でもあるので、何かしら手を加える方が多いです。むろん、カゴなどは従来のままでも問題はないので、ここはご予算次第というところでしょう。

ともあれ、各種のオプションやレール交換までとなると、小規模の独立系会社では手に負えない工事となるでしょう。ですから、リニューアル時は、どこまでのリニューアルをするのかを事前に決めたうえで、依頼先を選んでいくことが大切になります。さまざまな選択肢を提示してくれ、ニーズに合わせた施工をしてくれるところを探すことが大事です。

コラム
エレベーターの「2012年問題」

数年前に、ウィンドウズXPのサポートが終了するということで、オフィスを中心に、大量の入れ替えが発生しました。実はエレベーターの世界でも、「2012年問題」という出来事が起きています。

主要メーカーは、製造中止からおおむね20年~25年以上経過したエレベーターの部品供給を打ち切るのですが、2012年にその対象となるエレベーターが集中したのです。

メーカーから「お使いのエレベーターの部品供給が終了しますので、お早めにリニューアルをしていただくようにお願いします」といった案内もされていたようで、SECエレベーターにも多くのリニューアルのご依頼が来ています。

もちろん、部品供給が終了するからといって、すぐにエレベーターが使えなくなるわけではありませんが、今後の安全を考えれば、リニューアルに踏み切るのが賢明です。省エネ化も進み、乗り心地も良くなることから、ほとんどのビルオーナーが「もっと早くリニューアルすればよかった」と話します。

リニューアル工事は大掛かりになるケースがほとんどですから、ご検討の際は、日程の余裕を持ってご相談ください。

世界の絶景エレベーター その1

世界には乗りながら絶景を眺められるユニークなエレベーターが稼動しています。そのうちの代表的なものをご紹介しましょう。

スウェーデン グローベン・スカイビュー

球形のイベント会場の外側をゆっくり昇降する「展望エレベーター」。カゴ自体も球形でガラス張り。約150メートルから眺望できます。ぜひ乗ってみたいエレベーターですが、動いている様子を外から眺めるのも楽しいです。

アメリカ ゲートウェイ・アーチ

こちらは虹のようにかかる細いアーチ型の建物(高さ192メートル)です。その内部を昇降するエレベーターは、後付けということもあり、少々無理なスタイルになりました。スペースが取れないため、5人乗りカプセルを8台連結して、最上部の展望室へ昇ります。

ドイツ メルセデス・ベンツ博物館

昇降路がなく、壁にそって稼動する近代的スタイルのエレベーター。さすがはベンツ、その洗練されたフォルムが実に美しいです。見学されるときは、ぜひ“つり合いおもり”もお見逃しなく。

中国 百龍エレベーター

世界遺産でもある中国湖南省の武陵源にある屋外エレベーター。墨絵の世界のような荒々しくも幻想的なその絶景を、330メートルの高さから堪能できます。こんなところによく作ったな、と感嘆するようなエレベーターです。

第4章

エレベーターのまめ知識

エレベーターの安全や構造については、十分ご理解いただけたことと思います。

4章では、エレベーターをめぐる、「へぇ～」というトピックスを集めてみました。

◎世界で最初のエレベーターはいつ作られたの？
◎エレベーターに上座があるの？
◎エレベーターの便利な機能とは？
◎宇宙エレベーターって何だろう？

そんな、意外に知らないエレベーターのトリビアの数々です。肩の力を抜いて、気軽にページをめくってみてください。

日本のエレベーターの歴史

■水戸偕楽園のつるべ式運搬機

日本で最初にエレベーターが作られたのは、１８４２年の水戸偕楽園といわれています。作った主は、最後の将軍・徳川慶喜の実父、斉昭。同園の休憩所「好文亭」に、食事などを運ばせる運搬機として設置しています。

動力は人力。木製の滑車を用いた「つるべ式」です。

ただ、これは「運搬機」としてのエレベーター。人を乗せるという意味では、東京・浅草の凌雲閣《りょううんかく》を日本初と言うべきでしょう。

偕楽園好文亭の運搬機

■乗用の初は浅草「凌雲閣」

凌雲閣は１８９０（明治23）年に建てられた八角形の12階建てビルで、高さは約67メートルと伝えられています。10階まではレンガ造り、上部２階の眺望室は木造だったそうで、「浅草12階」などと人々から親しまれましたが、残念ながら１９２３年の関東大震災で被害を受け、解体されてしまいました。

さて、そのエレベーターは、建物真ん中で２台運行していたと伝えられています。カゴは木製造りで定員15人程度。当初は水圧式か蒸気動力を計画していたそうですが、電力会社の懇請を受け、結局、７馬力の電動で麻のロープを巻き上げる形となりました。１階から９階までの30メートルほどを、傲然たる音をたてて約２分で上昇したそうです。

もっとも……。

着床装置などはなく、運転は不安定。故障の連続だったといわれます。電力供給も、安定していなかったのかもしれません。監督官庁側にエレベーターの知識が十分でな

凌雲閣

かったこともあり、わずか半年で、「危険ナリ」と一般の利用は中止させられることとなりました。

■西のシンボル「通天閣」

東京に負けじと西のエレベーターのシンボルとなったのは、大阪「通天閣」です。

現在のタワーは1956年建立の2代目。初代は1912年に建てられています。なんでも、フランス・パリのエッフェル塔を模していたとか。高さは現在の2代目よりも35メートルほど低い約64メートルで、そのエレベーターはドイツ式の電動式だったそうです。

興味深いことに、初代のポスターにはこんな文字が踊ったとか。

「タカイヤロー、エレベータートモ云う機械ノ力デ上へ……」

エレベーターがどんなふうに人々に受け止められていたのかが感じられますね。

ちなみに、現在の通天閣で玄関から2階までを結ぶのは、「円形エレベーター」(定員16人)。当時は世界の中でここにしかない、という珍しいものでした。

■稼動し続ける往年の名機たち

現役稼動といえば、100年近く利用されているエレベーターも存在しています。例えば、登録有形文化財でもある「京都東華菜館本店」のオーチス製エレベーター。1924年製の手動式です。

よほど大切にメンテナンスして使われてきたのでしょう。

少し時代を下れば、〝ベテラン〟の存在は各所で見られます。例えば、昭和初期の庶民の憧れの場所「デパート」。東京・日本橋高島屋、日本橋三越本店……。いずれも機器などは最新のものにリニューアルしていますが、装飾などに名残があり、往時を偲ばせる雰囲気があります。高島屋では、今もエレベーターガールが手動で運行をしています。

ちなみに、三越本店は日本で最初に商業用エスカレーターが設置された場所です。1914年のこと。ただし、三越の設置は10月のことで、実は半年ほど前の3月に、「東京大正博覧会」(＝上野公園)の場でエスカレーターが初お目見えしています。いずれにしても、日本でエスカレーターが登場したのは1914年といえます。

(同店ホームページより)
京都東華菜館のエレベーター

■高層・高速化の時代へ

太平洋戦争をはさんで昭和30年代に入ると、高度成長期の建設ラッシュを背景に、エレベーターはどんどん進化していきます。東京タワーの建設は１９５８年。日本初の超高層ビルといわれる「霞ヶ関ビル」（地上36階、１４７メートル）は１９６８年。

こうした進化の中で特に印象深いのが、１９７８年に完成した池袋サンシャイン60のエレベーターです。地上60階・２４０メートルを昇降するエレベーターの速度は、なんと分速６００メートル。地上から最上階までわずか35秒で到着するスピードで、時速に換算すると、自動車並みの約36キロというもの。このエレベーターは世界最速のものとして「ギネスブック」にも登録されました。製造メーカーは三菱です。

エレベーターの速度はさらに上がり、１９９３年には横浜ランドマークタワーが登場。当時の世界最速となった分速７５０メートルは、今なお、日本ではナンバーワンのスピードです。

なお、世界ではさらに速いエレベーターが登場していますが、分速１０１０メートルの台湾の「ＴＡＩＰＥＩ １０１」も、分速１２３０メートルの上海中心大厦（上海タワー）も、エレベーターは日本のメーカーによるものです。日本の技術力は、世界

横浜ランドマークタワー

ナンバーワンといって間違いないでしょう。

世界のエレベーターの歴史

■エレベーターの考案者はアルキメデス？

日本の最初のエレベーターは１８４２年の水戸偕楽園だ――とお伝えしたところですが、これに比べて、やっぱり世界はすごいです。世界で最初のエレベーターの登場は、なんと紀元前。古代ローマ時代の哲学者・アルキメデスが紀元前２３６年に考案したと伝えられています。

古代ローマでは幾つかのタイプのエレベーターが存在したようで、踏み板を人間が踏むことで巻胴を回し、ロープを巻き取るタイプや、もっと素朴に、奴隷達が人力でロープを引っ張るタイプなどがあったようです。

基本は水や荷物の運搬ですが、乗用に使われたともいわれます。

少し時代は下りますが、ローマ帝政期に建てられ

聖カタリナ修道院の“エレベーター”

た、かの有名な円形剣闘場「コロッセオ」(紀元80年)では、闘いに挑む剣闘士たちを運ぶ人力のエレベーターがありました。現在でも、その巻き上げを行った柱が残っています。

いずれにしても、この頃の動力は「人力」でした。

■機械式エレベーターの登場は?

さて、人力ではない機械式のエレベーターが登場したのはいつか。

それには、アルキメデス以降、2000年も要することになりました。解を出したのはジェームス・ワット。そう、蒸気機関を実用化させ、世界の産業を変えたあのワットです。

蒸気の力を熟知するワットは、エレベーターの昇降にも蒸気機関を活用します。1835年のことです。イギリスの工場で、荷物用エレベーターに用いられたのが最初と伝わっています。

1845年頃になると、水圧式エレベーターが実用化されます。水圧式はその後改良が加えられ、1867年頃に普及型が開発されて一気に広まりました。それまでの蒸気式よりも、かなり速度が出たようです。パリ・エッフェル塔のエレベーターも水圧式で、1889年に設置されました。

現代につながる電動式が登場したのは、1880年頃です。その後電動式は飛躍的に進化し、現代まで100年以上、動力の主力となっています。

■乗用を推進させた「非常止め装置」

エレベーターが一般化するには、動力の問題とは別に、大きな課題がひとつありました。安全性です。十分な安全装置がない時代のエレベーターは落下事故が少なくなく、乗用としては危険極まりないものでした。

そこに光明が射したのは1852年のことです。一人のアメリカ人発明家が現代にも通じる安全装置を生み出し、それによって、エレベーターは乗用として一気に広まるようになりました。発明家の名は、エリシャ・G・オーチス。そう、世界的なエレベーターメーカー「オーチス」の創始者です。

オーチスの〝デビュー〟は鮮烈なものでした。舞台は1854年のニューヨーク「クリスタルパレス博覧会」(＝産業見本市)。すでに2年前に非常止め装置を開発していたオーチスは、会場に設置された開放型のエレベーターのカゴに自ら乗り込み、人々の目の前で

非常止め装置の登場

ロープを切って見せました。

「ほら、安全です。安全ですよ！　紳士淑女のみなさん！」

オーチスはシルクハットをぬいで一礼しつつ、そんなふうに叫んだことでしょう。

オーチスが考案した「非常止め装置」は、その原理は現代にも引き継がれているものです（69ページなど参照）。このようにして安全性が担保されたエレベーターは、やがてカゴが覆われるようになり、1857年頃には今につながる「密室空間」になっていったと伝えられています。オーチスのパフォーマンスからわずか3年程度。いかにオーチスの安全止め装置が画期的だったかが分かります。

■高層化の要となった「つるべ式」

このようにしてエレベーターが普及していくのにあたり、オーチスの発明と同時期に、もうひとつ、画期的な発明がなされます。つり合いおもりを活用した「つるべ式」です。つり合いおもりを使うので、カウンターウエイト方式という呼ばれ方もしますが、その仕組みについては、2章の47ページでご説明した通りです。

こうして、1850年から1900年にかけて現代のエレベーターの原型が完成していきます。その原動力となったのは、「安全装置」「電動式」「つるべ式」の3点セットでした。

この頃から世界中でビルが高層化していきますが、これはエレベーターがあって初めて実現化したものです。そう考えると、エレベーターが世界中の都市のあり方を変えたともいえるわけです。

■マシンルームレスエレベーターの登場

多くの人に関係するエレベーターの画期的な進化では、「マシンルームレスエレベーター」もそのひとつと言えるでしょう。

フィンランドのメーカー「コネ」社が1996年に開発したもので、日本では東芝が他社に先駆けて導入しました。

マシンルームレスエレベーターは、48ページでご説明したとおり、それまでは必須だった最上階の巻上機設置を不要とするものです。メンテナンスが大変になるので私たちメンテナンス会社にとってはは多少やっかいなのですが、全体としては、スペースを有効利用できるメリットが大きく、今では、新たに設置するもののほとんどがマシンルームレスエレベーターになっています。

この登場により、これまでは機械室のスペースがなく設置が難しかった駅などの公共スペースなどにもエレベーターが新設できるようになりました。このことは、超高齢社会の中で、非常に価値あることといえます。

■エレベーター製造メーカー

家電やパソコン、自動車ならメーカーに詳しい皆さんも、エレベーターのメーカーはあまりご存じないのではないでしょうか。

正確な統計はないのですが、当社でメンテナンスをしているデータからいうと、日本国内の製造シェアは、上から三菱、日立、東芝、日本オーチス、フジテックの5社で、市場のほぼ9割を占めています。

もちろんこのほかにもメーカーは幾つもあり、日本エレベーター製造、中央エレベータ工業、守谷輸送機工業、横浜エレベーターなども製造しています。当社もそのひとつです（SECエレベーターでは、「WELSEC（ウェルセック）」という名前で製造しています。96ページ）。

一方、世界に目を転じると、アメリカのオーチス、スイスのシンドラー、ドイツのティッセンクルップ、フィンランドのコネなどが大手として知られます。

とはいえ、41ページでも紹介している通り、世界で一番速いのも高低差があるのも日本製です。日本の技術力は世界に誇れるものです。

エレベーターのマナー

■エレベーターでのマナーとは?

みなさんは、エレベーターでのマナーについて考えたことがあるでしょうか?

自覚があるかどうかは別として、実はほとんどの方が、エレベーターでの気遣いや振る舞いを意識されています。これは、日本人の美徳でしょう。エレベーターは密室空間だけに、他者と自分とを意識しないわけにいきません。その中で、どんな気遣いができるのか。

いわば、エレベーターは、「他者への気遣いが試される場所」とも言えそうです。ここでは、少し気遣いや振る舞いについて考えてみましょう。

ただし、マナーに正解はありません。ここで書くのは私の個人的な考えです。「そうか、そんな考えもあるのか」と、少しでも参考になればと思います。

■ベビーカーの使用

エレベーターでは、ベビーカーは遠慮せずにご利用いただくのが良いと個人的には考えています。

過度に気にしていちいちベビーカーをたたむ方がいますが、デパートなどなら、もっと気軽にご利用されるのが良いと思います。デパートなどには、エスカレーターも整備されているのですから。ただ、行楽地のエレベーターとなると、ちょっと事情は異なるかもしれません。例えばスカイツリーや東京タワーのエレベーター。ここは最初から混み合うのが分かっているのですから、ベビーカーはたたむべきかと思います。買い物や外出先の移動ならともかく、レジャーの場合はちょっと配慮が必要かもしれません。

基本的には、電車と同じように、混み具合で臨機応変に対処いただくのがいいでしょう。

■エレベーターに上座がある？

家族や仲間と利用するときはいいですが、エレベーター利用で気になるのが、上司やお客さまと一緒のときにはどう乗るのがいいのか、ということです。

実はエレベーターには上座があるといわれています。これは厳密な決まりではないのですが、ビジネスマンの方々なら、知っておいて損はないかと思います。

例えば5人いたとしましょう。社長、部長、課長、係長、新人としましょうか。

まずエレベーターへの乗り込み方ですが、最初に乗るのは新人です。新人がさっと乗り込み、操作盤の前に立ちます。そして、「開」ボタンを押しながら待つ。

次に乗るのは社長です。社長は新人の真後ろに立ちます。

その次に乗るのは部長。部長は社長の隣に立ちます。そして課長は操作盤がない方の出入り口で部長の前にたち、最後に乗る係長はドアの前に立ちます。

降りるときはその逆です。係長から降り、課長、部長、社長と続く。その間、新人は、「開」ボタンを押して待っているわけです。

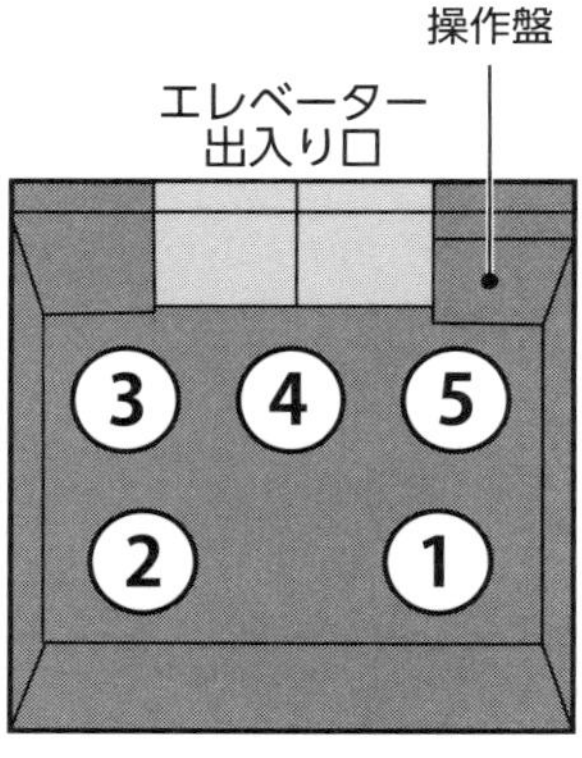

カゴ内での立ち位置は？
上席から順に①②③④⑤

乗り込む順番は？
⑤①②③④の順

カゴ内の上座と乗り込む順番

コラム
エスカレーターの正しい乗り方

この本はエレベーターについて書いていますが、SECエレベーターではエスカレーターの保守メンテナンスも請け負っているので、少しだけエスカレーターの乗り方についても触れましょう。

首都圏の駅などでよく見る光景は、左側に立ち止まる人が並んで(関西では右側)、空いた側を人々が列になって歩いて上っていくものです。

いつの間にか定着した〝マナー〟なのですが、実はこれがものすごく危ない。左右のバランスが悪く、無駄な震動もあるので、機器の傷みが早いです。

実際、過去には大勢が乗り過ぎたためにエスカレーターが滑ってしまい、最終的に将棋倒しを招いてしまったという大事故もおきています。

エスカレーターの理想的な乗り方は、1段おきに、左右並んで2人が乗り、それぞれ手すりにつかまるというものです。とにかくエスカレーターで歩行するのは危険。片側を空けずに乗る習慣が広がることを願います。

エスカレーターでは歩かない

優れもの機能の数々

エレベーターは日々進化しています。便利な機能が次々に出てきて、中には、「えっ！　そんな機能も付いていたの!?」とあまり知られていないものもあるようです。ここでは、そんな便利機能を幾つか紹介していきましょう（以下、メーカーや機種によって機能が多少異なります）。

◉ボタンキャンセル機能・いたずらキャンセル機能

エレベーターの利用時によくあるのが、間違った階のボタンを押してしまうことです。必要のない階で停まってしまうので、無駄な時間がかかってしまいますが、今は、多くのエレベーターでキャンセル機能が設置されています。

キャンセル機能のある操作盤の場合は、メーカーによってキャンセル方法が違います。三菱、東芝、オーチスはダブルクリック。日立は長押し。フジテックは5回連打です。もちろん、古いタイプの操作盤にはついていませんので、その場合はあきらめてください。

ボタン関係では、いたずらキャンセル機能も普及してきています。これは、あきらかにいたずらと分かるボタンの押し方がされた場合に階指定のキャンセルがかかるというもの。１人か２人の体重しか検知していないのに、５階分、６階分の階の指定があれば、これは明らかにいたずらだと判断できます。もちろん中には、若い女性などで降りる階をカムフラージュするために複数階を指定する方がいます。その対策自体は有効なこととも思いますが、そういう方は、押す階数を控えめにするようにご留意ください。

◉ペットボタン

最近は、マンションの部屋で小型犬やネコなどのペットを飼う方が多いです。そういう方は当然ながら、ペットと一緒にエレベーターに乗ります。

ただ、一方には「動物が苦手」という人がいるのも事実です。イヌが怖い、ネコアレルギーがある、など、「動物のそばにいたくない」という人もいるのです。

そこで便利なのが、ペットボタンです。ペットと刻印されたボタンを押し、行き先階を押せば、途中階で停まることなく直通で昇降することができます。最新式のタイプだと、ペットボタンの使用中は、各階の乗り場のモニターにも「ペット」と表示されます。このような仕組みで、だれとも乗り合わせなくて済むのです。

この機能は、ほかの人と乗り合わせたくないという理由から、大人向けのホテルなどにも採用されています。

ペットボタン

◉直通機能

直通機能は、高級マンションなどでも採用されています。こちらはかなり高機能なものが多く、建物のエントランスのオートロックをカギで開けると、エレベーターが「何号室の方」とそのカギから認証し、自動でセットをします。オートロックの解錠に合わせてエレベーターも開き、利用者はどのボタンにも触れることなく目的階まで行くことができます。

このような、カギとエレベーターを一体にする仕組みはホテルなどでも広まっています。また、マンションなどではインターフォンと連動しているものもあり、来客者は応答した相手先の階まで自動で行くことができます。

この機能は、利用者にとっての便利さもありますが、セキュリティ上もよくできた仕組みといえるでしょう。

◉停止階切り離し

エレベーターの行き先階にカギをかけることもできます。カギを用いないと指定の階には停まらないという仕組みです。

これは、例えばオーナービルの最上階などでよく用いられます。最上階に住んでいるオーナー以外は最上階には降りられないようにするものです。また、例えばテナントが空いている階には停止させないという設定や店舗の営業時間に合わせた設定ができます。

◉満員通過機能

エレベーターは便利な乗り物ですが、安全のために最大積載荷重が決まっています。デパートなどでときどきあるのが、やっと来たエレベーターの扉が開いたら満員、あきらめて次のエレベーターを待ったものの、次のエレベーターも満員……という事態です。

見るからに満員だけれど淡い期待で乗ってみたら警報音が鳴る。そんな気まずい思いをした人もいることでしょう。

多くのエレベーターは、満員になると最初の指定階まで停まりません。途中の階で待っている人からすればなんだか軽んじられた思いがするかもしれませんが、考えてみれば、これは優れた機能です。というのも、どうせ乗れないのに、停まって、開閉して、を繰り返すのは、単に時間の無駄だからです。

そこで時間を使うよりは、一気に指定階まで行って乗車客を降ろし、空になって次の運行に入ったほうが効率的です。結果的には、途中階の人たちも待ち時間が短くて済むということになるのです。

◉混雑時運行

マンションの朝などは、出かけるために上から下へ降りる人が大半になります。また、ビジネスビルなどは、朝は1階から上へ、夕方は上から1階へ、というふうに人の流れが集中しがちです。

こうした「混雑時」に、カゴの待機階を自動で変えるシステムがあります。ビジネスビルの例でいえば、朝は基本の待機階を1階に、夕方は最上階に設定する、というものです。

こうしておくと、利用者がだれもいないちょっとした隙間にカゴは自動的に待機階に移動し、多くの人が利用する場面で待ち時間が少なくて済むようになるのです。

◉カゴ内の便利機能

カゴ内の便利機能も、どんどん進化しています。空調付きのエレベーターもいまやまったく珍しくなくなりました。

また、BGMが流れる機能や、AED(自動体外式除細動器)をカゴ内に常備しているエレベーターもあります。

こうした快適さの向上の一方で、バリアフリーもどんどん進んでいます。視覚障害者や聴覚障害者、車いす利用者向けのボタンなどのほか、多言語対応のものも増えています。外国からの観光客が増加し続けている昨今、これは必要な機能です。観光名所や公共施設を中心に、この先、どんどん広まっていくことでしょう。

◉デジタルサイネージ

エレベーターは密閉空間です。これまでは、エレベーターに乗ったら誰もがあてもなくインジケーターを眺めている……というのが、定番の光景でした。

しかし今、この定番に、変化が生じています。

モニターが普及し始めているのは先述した通りですが、これとは別に、デジタルサイネージを組み込んだエレベーターも広まり出しています。デジタルサイネージは、意訳すれば「デジタルの看板」。紙のポスターを壁に張るように、デジタル映像をスクリーンに映していくものです。

これは、観光ホテルなどで非常に有効なサービスです。観光ホテルのエレベーターに乗ると、よく「カラオケルーム20時～」といった掲示やバーラウンジの案内などがあるのを見かけます。夏休み・年末年始などは、特別イベントの紹介がされていたりもしますね。

こういう情報は、密閉空間のエレベーターではつい見てしまうものなのですが、美観という点からも、情報伝達のインパクトという点からも、紙のポスターよりデジタ

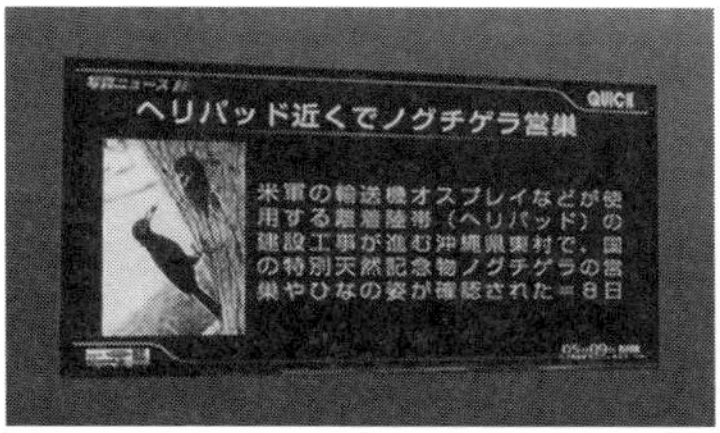

デジタルサイネージ

ルサイネージのほうが有利です。デジタルだと、情報を簡単に作り替えられるメリットもあります。例えば定員があるイベント紹介のときに、満席になったらそのイベントだけ削除していけばいいのです。

こうした利用は、さまざまになされています。飲食店が入るビルでの各店のキャンペーン情報、デパートなどでのセール情報、住宅マンションでのイベントやお知らせの案内——。

操作盤と一体化しているデジタルサイネージも増えてきました。便利で効果的なものだけに、デジタルサイネージはこの先、急速に広まっていくことが予想されています。

◉防犯カメラモーション認識機能

カゴ内に設置した防犯カメラで、利用者の異変を察知するシステムも開発されています。

例えば、急速な動きが繰り返される場合。これは、暴力行為が行われ、もみ合っている場面が想定されます。

あるいは、いつまでもじっと動かない人物。これは、エレベーター内で倒れてしまった、

防犯カメラ

あるいは、不審者などの疑いがあります。

こういう異変を察知した場合、ブザーが鳴ったり、アナウンスがされたりします。また、最寄り階に緊急停止したりします。

◉赤外線ドアセンサー

ドアも、進化し続けています。赤外線で人物を察知してドアが自動で開く機能が標準化されつつあります。これは、両手がふさがっているときには本当に便利です。

また、扉の間だけでなく、乗り場のほうにも赤外線を照射して、駆け込みなどに対処するシステムも増えています。さらに、単に開閉するだけでなく、開閉スピードを変化させる機能もあります。何かが挟まりそうなときに一旦ドアが停止し、その後、ゆっくりと開閉する仕組みです。

◉制御系の進化

最後に、制御系の進化についても少し触れておきましょう。

リニューアルのところで詳しくお話ししましたが、制御系の進化は目覚ましいものがあります。インバーターなどの話は専門的になりすぎるのでこの本では避けますが、最近のトピックスでは、回生コンバーターの活用などが注目点として挙げられるかもしれません。回生コンバーターとは、使用したエネルギーを回生するシステムです。ハイブリッド車などではブレーキにかかるエネルギーを電力に変えるシステムが用いられていますが、これと似ていて、エレベーターを動かすときに発生するエネルギーを電力に変え、それを再利用するというものです。この電力は非常電源としても活用されます。

この一例でもお察しいただけるかと思いますが、最近の制御システムは、高性能かつ省エネで優れています。

制御系でもうひとつ注目したいのが、可変速システムです。カゴ内の人数に応じて昇降速度が変わるというもので、基本的には最大積載量の50％くらいの乗車率のときに最も速度が速くなります。これはおもりとのバランスの関係です。速度を一律にするのではなく、高速運行が可能なときには速めるという運行は、待ち時間や乗車時間を減らすことにつながり、利便性をアップします。

これなどは、普通に利用している分にはまず気づくことのない機能ですが、こうした細かな工夫の積み重ねで、エレベーターはより便利で快適な乗り物になっていっているのです。

海外のエレベーターの豆知識

■日本と少し違う海外事情

外国のエレベーターについても、少し触れておきましょう。

基本的な構造は日本も外国も同じですが、日本と外国とでは、少し慣習が異なるところもあります。それを少し整理してみます。

■1stFloorとは?

代表的なのは、ヨーロッパにおける「ゼロ」階でしょう。

正しくいえば「1階」の捉え方の違いなのですが、日本でいう「1階」はヨーロッパの多くの地域では「0階」。ひとつ上に上がるごとに「1階」「2階」……となっていきます。すなわち、ヨーロッパの「0階」は日本の「1階」、ヨーロッパの「1階」は日本の「2階」というわけです。

ちなみに地下1階は、たいていは「U」の表記です。

R	Roof	屋上
M	Middle	中間
P	Penthouse	ペントハウス、塔屋
L	Lobby	ロビー、広間
G	Grandfloor	地上階（1階）
E	Earthfloor	土間（1階）
1	1st Floor	2階を意味する場合あり

外国のエレベーターボタン

日本では「地下室」を表す「Ｂａｓｅｍｅｎｔ」の頭文字の「Ｂ」で表記しますので、ここも要注意ですね。

そのほか、施設によっては次のようなアルファベットが用いられることもあります。

R＝屋上

P＝ペントハウス

L＝ロビー

G＝地上階（日本でいう1階）

E＝アースフロアー（日本でいう1階）

こういう表記は国によって若干異なりますので、訪れる際は、あらかじめガイドブックなどでチェックしておいてください。

■「閉」ボタンがない？

ボタン関係でいえば、「閉」ボタンも興味深い点です。

日本では当たり前のように利用されている「閉」ボタンですが、実は、外国ではあまり利用されていないといいます。それどころか、「閉」ボタンがないエレベーターも多いそうです。

ここはまさに民族性の違いなのでしょうが、日本人は案外せっかちで、これほど「閉」ボタンを使う国民はほかにないともいわれます。多くの国の人たちはそんなことには無頓着で、自動的に閉まるのをのんびり待つそうです。電車と同じような感覚ですね。

■ユダヤ教の敬虔な信者の休日

国民性——というところでは、これは本当かどうか確かめたわけではないのですが、「ユダヤ教の敬虔な信者は休息日にはボタンを押せない」という話を聞いたことがあります。エレベーターのボタンを押す行為が「仕事」になってしまうそうです。

でも、10階などに住んでいたら、いかに安息日とはいえ、不便ですよね。

そこでどうなっているかというと、安息日には、エレベーターが各階に自動で停まるようになっているというのです。その分時間はかかりますが、のんびりと乗っていくのでしょう。

もっとも、それだとエレベーターは24時間稼動しっぱなし、ということになります。安息日は、エレベーターには繁忙期、ということになりそうですね。

■内装に出るお国柄

国民性というのは、内装などにもよく表れます。昔ながらの質実剛健なスタイルが多いヨーロッパ、清潔でデジタル化している日本、派手好きな中国——などです。

特に中国やアラブ系の色合いというのは、日本人の感覚ではびっくりすることが多いです。中国などは赤や金色が好まれますし、照明なども派手なものが多いです。

ところで、一部の外国のエレベーターはトラブルが少なくないので注意が必要です。エレベーターそのものは高性能でも、電力事情によって停電が多発する国もあります。また、私自身は体験したことはありませんが、中には扉のないエレベーターがいまなお稼動しているところもあるそうです。

日本の整備されたエレベーターに慣れた皆さんには信じられないことでしょうが、実際のところ、エレベーターというのは、ちゃんと保守メンテナンスをしていないと、トラブルが出て不思議のないものです。

出かける国によっては、用心してエレベーターを利用したほうがいいかもしれません。万一のときには、慌てずにじっと待つ、ということが大切です。

未来のエレベーターを考える

■未来のエレベーターは……

この章の最後に、未来のエレベーターについて少し考えてみます。

未来のエレベーター。

それは一体どんなエレベーターなのでしょうか。

ちょっと想像をしてみます。私が思うには、きっとそれは、サービスの行き届いたものになっているはずです。例えば、乗り場に立ったら自動的にエレベーターがやってくる、音声認証で「7階」と言えば連れて行ってくれる、カゴ内は自動で温度調整がされている、といったことでしょうか。

もしかしたら、快適性アップや防犯的な意味もあり、エレベーターは少人数乗りになっているかもしれません。76ページでダブルデッキ式のエレベーターを紹介しましたが、この発想を広げて、小さなカゴが幾つも数珠つなぎで運行する可能性もあります。117ページにあるアメリカ・ゲートウェイ・アーチのエレベーターは、まさにこのスタイル。経費的な問題があるので中低層マンション・ビルでは難しいかもしれませんが、プライベート空間を重視する現代人感覚からすると、これは遠からず普及するかもしれません。

いま、一部のメーカーでは、一方通行のエレベーターを研究しているそうです。ある程度の規模のマンションやビルだとエレベーターは2基以上運行していますが、2基分のスペースを昇り専用・下り専用に分けてしまえば良いのです。そして、最上階・最下階のところで、カゴが自動でレーンを変えていく。遠目には、観覧車のイメージです。

これが実現すると、先の数珠つなぎエレベーターはすぐにでも運行し出すことでしょう。数珠つなぎになれば、エレベーターを待つ時間も短くて済むようになります。これは利用者にとってメリットの多い話です。

技術的な面では、高速化も当然進むでしょう。実はエレベーターには、待ち時間の目安が設けられています。乗り場階でボタンを押してから、20秒以内にカゴが到着することが、目標として決められています。もちろん、高層ビルではそうもいきませんから、特例として「長待ち時間」が設けられています。それは60秒です。41ページで「世界一速いエレベーター」として上海中心大厦を紹介していますが、三菱製のこのエレベーターは地上から118階まで55秒で到着します。高速化は、待ち時間を短くするために求められているのです。

将来的には、この待ち時間の目安が、15秒や10秒などともっと短くなるかもしれません。技術的には、さらなる高速化は十分可能だろうと思います。

それと同時に進められるのは、言うまでもなく、安全性の向上でしょう。結局いろいろな付加価値が付いたところで、安全性に勝るサービスはないのです。この先、安全性をアップするための機能が、どんどんエレベーターに付いていくはずです。

考えてみれば、アルキメデスが発明したという紀元前のエレベーターの時代から、エレベーター自体の構造というのは、大枠としてはほとんど変わっていません。ロープでカゴを吊り、昇降を行う——。

確かにいま、リニア式などの最新技術も広まり出していますが、実用されているリニアモーターエレベーターは、動力がリニアモーターというだけで、動力をカゴに伝えるのはあくまでロープです。将来的には〝ロープレス〟のエレベーターも登場するでしょうが、不安が残ります。

こう見てみると、今のロープ式エレベーターというのは、ある意味で、完成系ともいえるようにも思います。完成系というか、「そうなるべくしてこの形になっている」という感じです。その感覚は、自動車に近いかもしれません。ハイブリッドや電気、水素などと燃料を変えてきている自動車ですが、その基本構造はエンジンの動力で4つのタイヤを動かす、というものに変わりがありません。同じようにエレベーターも、動力などの進化はあるにせよ、基本構造は同じままで、より安全性の向上やサービス面での充実が図られていくのでしょう。

いや、技術屋としてはもちろん、あっと驚くようなエレベーターを見てみたい気持ちもあります。それが誕生するとしたら何年後のことでしょうか。もしもそれがSECエレベーターの技術スタッフから開発されたら、私としてはこれほどうれしいことはありません。

■宇宙エレベーターとは

「宇宙エレベーター」と聞いて、皆さんはどんなイメージを持たれるでしょうか？

乗り場ボタンを押してカゴに乗り込むと、次に扉が開いたときには宇宙空間にいる——。イメージとしてはそんな感じでしょうか。

私も実に興味があります。

皆さんはこの宇宙エレベーターを、「どこでもドア」や「タイムマシン」などと同じように「空想の中のもの」と思われることでしょう。しかし、この空想的な響きがある乗り物について、日本を代表するような企業が大真面目に研究を続けているそうです。一説では、2060年くらいの実現を目指しているとか。

ただし、この「宇宙エレベーター」なるものは、我々がいつも使っているエレベーターとは全く異なるものとなりそうです。イメージ的には、むしろ「銀河鉄道」のほうが近いようです。

では、それはどんなものなのか？　私の知る限りでご紹介してみましょう。

これまで人類は、ロケットなどで宇宙に行き、さまざまな開発や研究を進めてきました。2000年に建設された「国際宇宙ステーション」(＝地上400キロ)では、常時働いている人もいます。その国際宇宙ステーションと地球との往来には、現状では「ソユーズ」という、定員3人の宇宙船が用いられています。宇宙飛行士のステーション勤務は3カ月から1年くらいの交代制。それに伴うソユーズでの往復は、実に15年以上にわたって続けられています。

こうした状況がある中で、「宇宙の拠点への往復をもっと手軽に行いたい」というニーズから、宇宙エレベーターの発想が生まれてきました。国際宇宙ステーションと地球をケーブルで結び、エ

地球からの距離

人間が生活できる限界高度　・・5km

飛行機の巡航高度・・・・・・10km

低軌道ステーション　・・・・400km
（現在の国際宇宙ステーションの高度）

GPS 衛星の高度・・・・・20,000km

高軌道ステーション・・・36,000km
（現在の気象静止衛星の高度）

つり合いおもり　・・・・100,000km

月までの距離　・・・・・385,000km

太陽までの距離　・・・14,960,000km

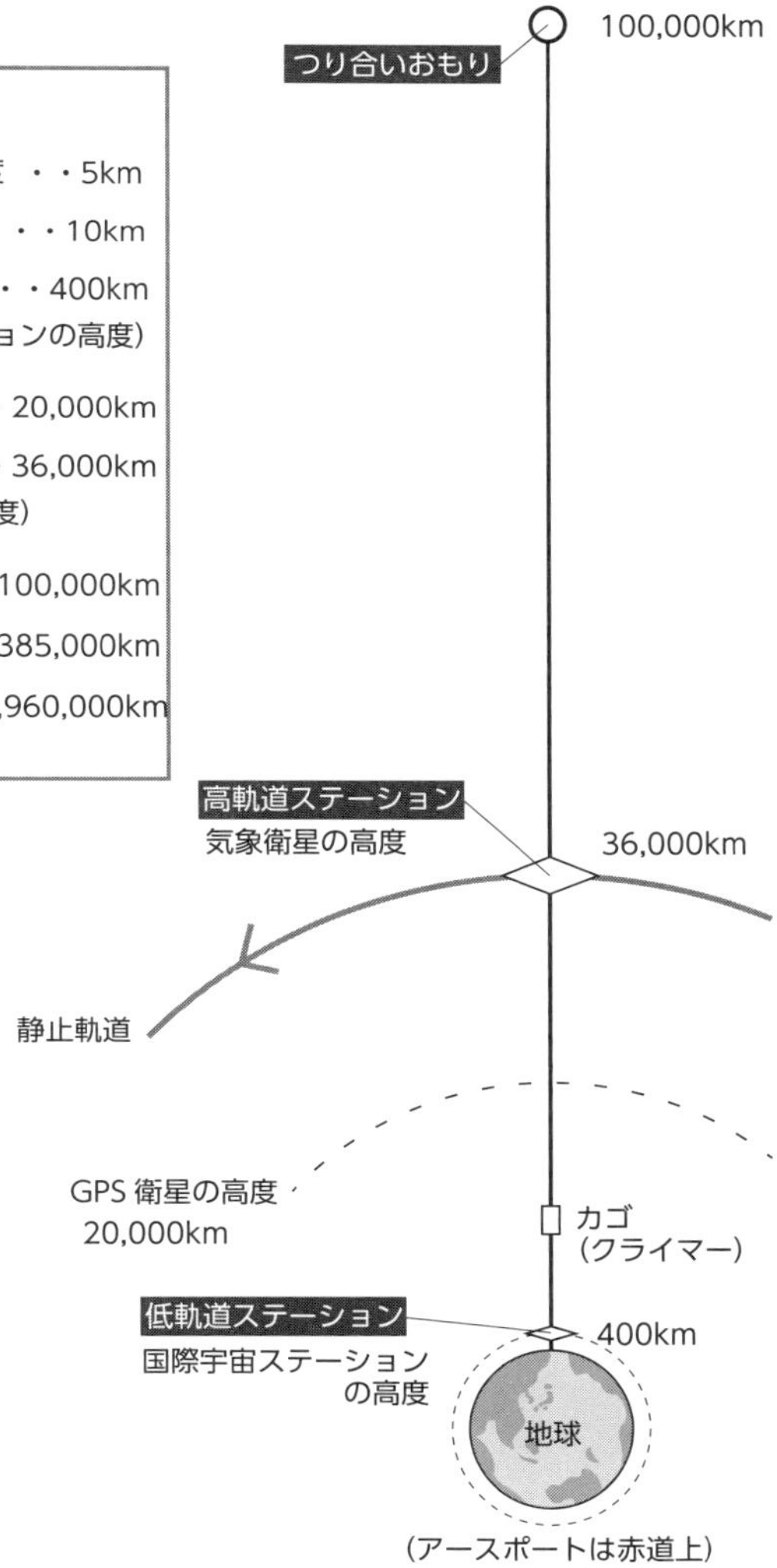

宇宙エレベーター　全体構造イメージ

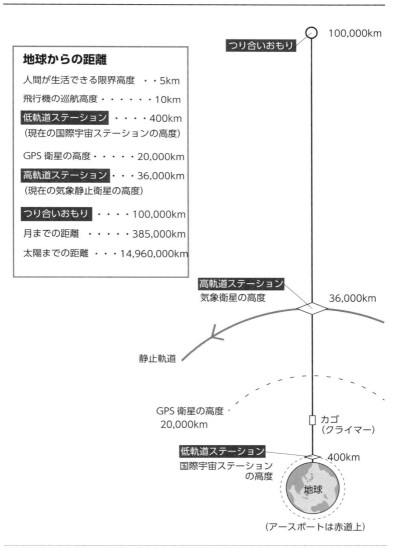

レベーター、あるいはロープウェー、はたまたモノレールのように、そのケーブルを伝って移動するのが効率的ではないか――という着想です。

ちょっと視点を変えて考えてみましょう。

天井まで高さ10メートルの体育館があったとします。その天井にたどり着くのに、ロケット噴射で上昇するのと、垂らされたロープをつたっていくのとでは、どちらが安全かつ効率的でしょうか。

答えは明らかです。ロープですね。ロケット噴射で行くなら、大量のエネルギーが必要ですし、まっすぐ運行するために緻密な計算も要ります。

この単純な事実を思いっきり拡大させたのが、宇宙エレベーターです。ケーブル（ロープ）があれば、もっと簡単に国際宇宙ステーションに行けるのでは？　というわけです。

もちろん、「では、どうやって宇宙と地球をケーブルで結ぶのか」という難題があります。現在の開発段階で想定している「軌道ステーション」までの距離は3万6000キロだそうです。となると、つり合いおもりを用いた場合は、ケーブルの長さは実に10万キロが想定されます。

そんなにも長いケーブルをどう用意し、どうやって設置するのか。私にはとうてい想像つきません。設置云々の前に、10万キロもの長さのケーブルを作ることはまず不可能に感じます。

しかし、我々人類は、まったく不可能だと思われてきたことを次々と成し遂げてきました。飛行機に乗って空を飛び、遠く離れた人と携帯電話で会話する。今では当たり前のことも、100年前は想像もつかなかったことなのです。

「宇宙エレベーターなどありえない夢のようなものだ」というのが、正直な私の感想です。でも、心のどこかでは、ちらっと思っているのです。50年後にはもしかしたら、現実のものになっているのではないか――と。

世界の絶景エレベーター その2

世界の絶景エレベーターの第２弾です。

ポルトガル「サンタ・ジュスタ」のリフト

ポルトガルの首都リスボンを見渡せる観光名所「サンタ・ジュスタ」。1902年に作られた45メートルのその建造物は、外観も見事で、内部の装飾も芸術的です。

スコットランド ファルカーク・ホイール

こちらは世界唯一の回転式のボートリフト。いわば、ボート専用のエレベーターです。交差する2つの運河をつなぐもので、高低差は24メートル。乗客を乗せたままのボートが持ち上げられる様子は圧巻です。

スイス ハメットシュヴァント・エレベーター

観光立国スイスのリゾート地にある153メートルの屋外エレベーター。切り立った崖にそって昇降するガラス張りのカゴから、ルツェルン湖と山々が遠望できます。日常を忘れさせてくれるひととき。1903年建造で歴史がありますが、カゴは最新式で安心して乗れます。

ドイツ アクアドム

ドイツ・ベルリンにある「ラディソンブル ホテル・ベルリン」のユニークエレベーターは、なんと高さ25メートルの水槽の中を昇降するというもの。きれいな魚を眺めながら移動できます。自分も魚の気分に!?　宿泊しなくても、隣接の水族館のチケットで乗車できるそうですよ。

第5章

日本の保守メンテナンスの歴史

SECエレベーターの奮闘50年記

日本では安全・安心なエレベーターがほとんどですが、その理由はどのエレベーターもきちんと保守メンテナンスされているからです。

しかし、実はかつては、定期的な保守メンテナンスへの不信感が渦巻いていた時代がありました。それが解消されたのは、一人の技術屋が大手メーカーに反旗を翻したからです。ほかならぬ私、鈴木孝夫です。

日本の保守メンテナンスがどのようにして今に至っているのか、その歴史を最後にまとめます。

■安心の陰に、メンテナンスの適正価格がある

ここまで、エレベーターの仕組みや安全性、さらに豆知識などをお伝えしてきました。皆さん、すっかりエレベーター通になられたことと思います。

最後の最後に、もうひとつだけ、エレベーターについて詳しくなってください。それは、日本のエレベーターの歴史、いや、保守メンテナンスの歴史です。

日本では「水と安全はタダ」などとも言われますが、実際のところ、あらゆるビルのエレベーターがここまで安全に稼動しているのは誇るべきことです。異音がするものに出会うこともほとんどありません。

どうして、日本では、こんなにもエレベーターの整備が行き届いているのでしょうか?

それを考えるとき、保守メンテナンスの価格のことに触れないわけにいきません。

ちょっと想像してみてください。もし保守メンテナンスが異様に高額だったらどういう状況が生まれるでしょうか?

ビルオーナーはこう考えるはずです。

「保守メンテナンスしないといけないと分かっているけど、高すぎて頼めないよ……」

ということは、今の日本でほとんどのエレベーターがきちんと保守管理されているということは、

その市場が適正価格だからだといえます。

さて、では、それは初めからそうだったのでしょうか？

実は、そのことこそが、最後に皆さんに知っていただきたい、日本の保守メンテナンスの歴史です。

それは、手前味噌になりますが、私、鈴木孝夫の闘いの歴史でもあります。

私がエレベーター業界に足を踏み入れた50年前、この業界は非常に閉鎖的で、大手メーカーによる寡占市場でした。エレベーターを製造する大手メーカーが、自社あるいはグループ会社だけで保守メンテナンスを請け負っていたのです。当然そこには競争はありません。結果、保守メンテナンス料は高額なものとなっていました。

それでも安全のためには保守メンテナンスを頼まざるを得ません。そこには、「お客さま第一」という、あるべき市場の姿が失われていました。

その閉鎖的な寡占市場に風穴を開け、「独立系メンテナンス会社」という新しいジャンルを生み出し、業界の地図を一変させたのが、ほかならぬ私、鈴木孝夫です。私にもし功績というものがひとつあるとするならば、それは、「エレベーターを『メーカーのもの』から『お客さまのもの』に変えたこと」なのだと思います。

ここで言う「お客さま」は、ビルオーナー、管理会社はもちろん、利用するすべての人たちです。保守メンテナンス料が適正になり、それによって保守メンテナンスをすることが当たり前になり、結果として日本各所のエレベーターが安全に運行するようになった――。私はそう信じています。

しかし、そこに至るまでの道程は、決して平坦なものではありませんでした。あるいは、裸一貫でスタートした私だからこそ、思いきって業界の壁にぶつかってこられたのかもしれません。

その50年にわたる歴史をご紹介させていただきます。ぜひ最後までお付き合いください。

■電気を学びエレベーター業界へ

私は、岩手県の平泉の出身です。世界遺産で有名な中尊寺金色堂があり、観光地としても有名なところです。私は中学まで平泉で過ごし、卒業後、すぐに単身上京しました。

白黒テレビ・洗濯機・冷蔵庫の「三種の神器」がブームとなっていた昭和30年代前半のことで、「これからは電気の時代が来る」と漠然と考えていました。

電気店に住み込みで働き、神田にある電気学校に通いました。そして卒業後、大手メーカーの系列で、エレベーターをメンテナンスしている会社に就職します。ここで私は、一通りの技術を身につけることができました。

エレベーターの技術を修得するのはとても難しく、それ故にとてもやりがいを感じました。技術を覚えるのが楽しく、またお客さまのお役に立てていることを実感していました。しかし、ふとしたことから、いま考えると本当につまらない理由で会社をやめてしまいました。

とはいえ、メンテナンスの仕事は好きで気に入っていたのです。何とかこれを続けていきたい……。そう思ったときに、「いっそ、自分でやろう！」と決断するのは自然の流れでした。

■独立、そして会社設立

そうして独立したのは、私が24歳の時のことです。

最初はメーカーの「孫請け」という形で、「外注スタッフ」として、メンテナンス員の手が足りない現場を回りました。すぐに馴染みの取引先もでき、技術屋の仲間にも恵まれました。孫請けなので手取りが少ないのは仕方がないとして、順風満帆といっていいスタートだったと思います。

ただ、皮肉なものですが、取引先が増え、仕事が来るようになると、自分一人では限界が生じてきます。当時のエレベーターは現在のものとは比較にならないほど故障が多かったのですが、夜中でも明け方でも、故障が出ると私のところに連絡が来ます。自宅兼事務所で営業していたので、くたくたになって帰っても逃げ場がない。いつ呼ばれるか分からないので酒も飲めません。いつでも飛び起きられるように、寝るときは、常に電話を枕元に置いていました。まさに今のＳＥＣエレベーターの「24時間３６５日体制」を、たった一人でこなしていたわけです。

ともあれ、そんな生活を送っていましたから、当時はすでに結婚して子供も授かっていたのですが、妻子を旅行に連れて行くこともできませんでした。何がつらかったといって、家族とどこにも出かけられないのがいちばん切ないことでした。

転機が訪れたのは、そんな生活をもう少し変えたいなと思い始めた頃のことです。

親しくなったお客さまのところへいつものように保守メンテナンスに出かけたところ、何気ない会話から、お客さまが保守メンテナンス料に不満を抱いていることが分かったのです。

確か、こんなような会話だったと記憶しています。

「鈴木君、きみは腕がいいのだから、自分で仕事を直接受注したらどうなんだい？　メーカーより安くしてくれるなら、すぐにでもきみに仕事を頼みたいよ」

「ありがとうございます！　でも、いくらで受けるのがいいのか、ぼくには見当もつきませんよ。なにせ、技術一筋で来ていますから」

「じゃあ、きみは報酬をいくらもらっているの？」

信頼しているお客さまだったので、包み隠さず正味の額を答えました。そのときのお客さまの愕然とした表情は忘れられません。

「きみ、それはおかしいよ！　技術のあるきみが一番報酬をもらうべきなのに！　あまりの暴利じゃないか！」

その憤りぶりを見て、さすがの私も、「そうか、メーカーはそんなに保守メンテナンス料を取っているんだな」と気づきました。

そんな予備知識を持って現場を回ってみると、なるほど、ビルオーナーたちの言葉の端々に、保守メンテナンス料への不満が込められています。そこで私も、知人と情報交換などをしながら、少しずつ調べていきました。そこで見えてきたのは、保守メンテナンス料がメーカーの思いのままになっているというだけでなく、中には、メーカー同士で横のつながりを持ち、談合のように各社が値上げをしている実態がある、という嘘のような本当の話でした。

「これは許せない！」

私は義憤にかられ、同時に強い危機感も持ちました。この状態が続けば、無保守のエレベーターが増えていくことが目に見えていたからです。

折しも、当時は都市部の建設ラッシュの頃です。日本初の高層ビル「霞ヶ関ビル」が建ち、建築物の高層化がどんどん進んでいました。そういう状況のなかで無保守が増えれば、日本中のあちこちで「危ないエレベーターが人を乗せている」ということになってしまいます。そう気づいて以降、「保守メンテナンス料を適正価格にする」というのが私の人生の大きなテーマとなりました。

人生の目標を決めた以上、後は行動あるのみです。私はメンテナンス料を大手企業の半額程度に設定し、直接お客さまから仕事を請けるようにしました。もちろん、「孫請け」で訪ねていたお客さまに直接営業するわけにはいきませんので、当初は自力での営業活動となりました。

最初の1件目の契約は、忘れられるはずがありません。それは、大手メーカーが設置したエレベーターでした。契約のときにははっきりとこう言われたものです。

「安かろう悪かろうならすぐ契約は取り消すよ。メーカー以上の仕事をしてくれよ」

このときの経験から私は、社員たちにも「1台」の大切さを口酸っぱく言い続けています。いま私たちは、つい「独立系ナンバーワンの実績」「保守メンテナンス契約は4万5000台」などと宣伝してしまいます。しかし、大切なのはそんな数ではなく、目の前にある「1台」なのです。この「1台」をしっかり保守メンテナンスしなければ次はありません。いま我が社がこれだけの実績を積めるようになったのは、あのときに言われた「安かろう悪かろうではない仕事」をしてきた結果なのだと自負しています。

こんなふうに始まった「直接受注」ですが、当初は月に1台ずつぐらいしか契約は取れませんでした。この頃に私がよく思ったのは、「だからといって辞められない」ということです。数台とはいえ、契約をいただいているエレベーターがあったのです。これを放り出すわけにはいきません。とにかく1台ずつしっかりやろう——。それを自分に言い聞かせながら踏ん張りました。

そんな決意を形にする思いもあり、1970年に「有限会社鈴木エレベーター工業」を設立します。むろん、契約を結ぶ際に個人では都合が悪いという実務的な要素もありました。

これが現在の「SECエレベーター」の原型です。

このように当社は、創業当初から「お客さまにより良いサービスを適正価格で提供する」をモットーにしてきています。そのポリシーは、50年経った現在でも全く変わっていません。

■寡占市場を打破する

「どのメーカーのエレベーターでもメンテナンスを請け負う」という、今で言う「独立系メンテナンス会社」は、このようにして誕生しました。

しかしこのことは、保守メンテナンスを独占的に行ってきたメーカーにとっては面白い話ではありません。もしかしたら、私のことは「市場を荒らす敵」と見ていたかもしれません。

エレベーターメンテナンスの基本は「清掃」と「注油」。そして異常を察知するためには目、耳、鼻、手といった五感で感じとることが重要です。主な作業はメーカー部品がなくともできますし、ランプ切れや接触不良のような故障も一般部品で直せます。

ただし、中にはメーカーの純正部品でなければ動作が不安定になったり、動かないものもあります。そのような場合は、メーカーに純正部品を売っていただくしかないのですが、ここで問題が起こりました。なにせ私は「敵」と思われていますから、門前払いのような形で相手にしてもらえません。

とはいえ、そこで引き下がるわけにはいきません。純正部品を手に入れる以外に解決策がないのですから、このままではお客さまにご不便をかけてしまいます。

純正部品を手に入れるしかない、しかし、メーカーは売ってくれない。お客さまがメーカーに質問しても相手にされません。さてどうしたものか——。

そのピンチでハッとひらめいたのが、「お客さま本人から委任状をいただく」ということでした。エレベーターは、設置されれば、お客さまの所有物です。メーカーのものではありません。ということは、お客さま本人の代理としてメーカーに部品供給の依頼をかければ、メーカーはその要望を飲まざるを得ないと考えたのです。

こうして、私はメーカー純正部品を仕入れることができるようになりました。活路を見い出した私は、緊急時の対応を強化するために、あらかじめお客さまに委任状を書いていただき、それをお預かりさせていただくようにもなりました。

しかし、それで万事解決というほど甘くはありません。メーカーが私を目の敵にしている状況に変わりはなく、純正部品を売ってくれるにしても異常に時間がかかる、ということが日常的に続きます。私に対しての悪い噂もずいぶん流されたと聞いています。お客さまの中には「こんな話を聞いたけど本当なの?」と教えてくださる方もいました。

私の我慢も、もう限界に達していました。私が許せなかったのは、そこにお客さまを思う気持ちがまったくなかったことです。お客さまが快適にエレベーターを使えることがいちばん大切なのに、委任状を受け取ってもまだ純正部品の販売を渋っている。のみならず、まるで害虫を追い払うかのような悪意あるやり方で、大手企業の圧力で私を押しつぶそうとしている——。私がもしここで弱音を吐き、敗北してしまったら、業界はまた元の状態に戻ります。大手メーカーが保守メンテナンス料を思いのままに設定できる状態になってしまうのです。

「ここで負けるわけにはいかない！」

私は勇気を奮い起こしました。そして、信念を持って、公正取引委員会に訴えたのです。

東北の農村で育った私には、「訴える」などという争いはまったく馴染みのないものです。私は「みんなで話せば分かり合える」という共同体意識の中で育ってきましたし、自分自身も六男・二女という大家族の一員です。上京後も親族と助け合いながら会社を成長させてきました。元来、争いなどしたくないタイプなのです。人生楽しく、朗らかに過ごしていたい。日中は現場で必死に汗をかき、一日の労働を終えたら、仲間と一杯やりながら歌を歌っていたい——。それが私の求める理想の人生です。しかしこのときばかりは、そんな気楽なことは言っていられませんでした。

のるかそるかの人生の大勝負です。

私は書類をそろえ、証拠や証言してくれる方々を集め、だれが見ても鈴木孝夫に正義がある、と分かるようにして、公正取引委員会の方々とお会いしました。

終わってみれば、実はそこまで意気込む必要はなかったのかもしれません。私自身が「えっ！本当に⁉」と拍子抜けなくらいに、比較的早期にこの異議を認めてもらえました。どうやら、公正取引委員会は、以前からエレベーター業界の寡占状況に独占禁止法違反の疑いを薄々感じていたようです。私の訴えは、時宜にかなったものだったのでしょう。

これによって、いよいよ社会的に「独立系メンテナンス」が認められたことになります。以前は「本当にメンテナンスできるの？」など半信半疑で見られていたものが、正々堂々と、「メーカー以外のメンテナンスを、公正取引委員会も認めているんですよ」とアピールできるようになったのです。公的な第三者機関の認定があるのとないのとでは、天と地の差です。私の仕事は、これを機に、飛躍の時を迎えることとなりました。

◇

これで、冒頭に私が申した、「鈴木孝夫の闘いが日本の保守メンテナンスの歴史」という真意がご理解いただけたのではないでしょうか。

自分で言うのも何ですが、日本におけるエレベーターメンテナンス費用の価格破壊を行い、劇的にそれを安価にしたのは、私、鈴木孝夫にほかなりません。当社・ＳＥＣエレベーターにご依頼されていないエレベーターでも、現在のメンテナンス料金は、私の闘いの結果で設定できた金額だといえます。大手メーカーもまた、いまでは私たち独立系メンテナンス会社の料金を意識して、その価格設定を行っているのです。

ここまで来るまでの闘いは、まるで小さな蟻が巨大な象に闘いを挑むかのような、あるいは、ドン・

キホーテが風車に向かって行くようなものでした。その最中で起こったことは、とうていこの紙幅で書ききれるものではありません。道中で味わった屈辱は我が胸に押ししまっておくとして、その成果がいま世の中に広まっていることが、何より私にとってのトロフィーとなっています。

■エス・イー・シーと社訓の誕生

このようにして誕生・発展してきたエス・イー・シーエレベーターという会社についても、少しご紹介させてください。

「有限会社鈴木エレベーター工業」、「株式会社鈴木エレベーター工業」と社名を変更してきた当社は、創業から10年あまり、私が35歳の時に、社名を現在の「エス・イー・シーエレベーター株式会社」に改めました。

この頃にはメンテナンスの請け負い台数も伸びていき、社員も少しずつ増えていきました。「自宅兼事務所」でいつまでも仕事しているわけにもいきません。私は、東京・都市部で保守メンテナンスをするには移動しやすい、という理由から、神田にオフィスを構え、営業部門・技術部門・管理部門と役割分担も行いました。

しかし、そうなるとどうしても私の目の届かない部分が出てきます。社員との認識のずれを感じる場面が増えていき、歯がゆい思いをすることが多くなりました。

そこで私は、「社訓」を考えるようになりました。いわゆるビジョン経営です。当時はそんな言葉も知らず、だれかに教えられたわけでもないのですが、社員全員が私と同じ思いを共有し、お客さまのために全力を注ぐという意識を持つためには、「社訓」は絶対に役立つという確信めいたものはありました。私の思いを言葉に込めて、毎日それを意識してもらえば、私が大事にしてきた創業の精神を全員が常に持ち続けられるのではないか、と考えたのです。

社　訓

一つの感謝を終生忘れぬ事
一口の言葉を噛締る事
一つの行儀の挨拶から行動に移る事
一つの貨幣の重さを尊く思う事
一握りの食物をも無駄にしない事
一段ずつの階段を昇りきる精神を養う事
一つ手前の能力を出しきる事
一つの安らぎを素直に受ける事
一つの苦しみを反省の念にする事
一つの行ないが万人に尊敬される事

心と敏速が答である

鈴木孝夫

以上が、私が35歳の時に自分で考えて作った社訓です。難しいことを言っているわけではないので、きっと一読してご理解いただけることと思います。「心」と「行動」と「敏速」の大切さ。この思いを社員に共有してもらえたことが、その後の会社の発展に繋がっていきました。私一人で始めた仕事が、3人になり10人になり、100人になり……。今では、社員は1000人にまで増えています。1000人全員に私の創業当時の精神を伝えるのはとても難しいことですが、この社訓に込められた思いを感じてもらえれば、私のDNAが社員のみんなに共有されると信じています。

感謝の心や挨拶を大切にする。単純なことですが、そういった社風や文化が、この会社の成長の原動力になっているのだと私は信じています。

■リニューアル市場への参入

エレベーターの部品はとても多岐にわたります。カゴの部分しか見ることのない皆さんには信じられないかもしれませんが、その部品の数は4万点にも及ぶといわれています。

それだけある部品の中には、簡単に入れ替えられるものもあれば、大掛かりな作業になるものもあります。交換が必要になる原因はほとんどが経年劣化によるもので、エレベーター自体の寿命は、先の章で述べた通り、概ね25年です。この業界に50年以上身を置く私の実感としても確かにそのくらいの年月が経つと制御盤や巻上機を交換したほうが良いケースが多くなります。

もちろん中には、騙し騙しで長い期間使い続け、当初の形のままで40数年が経つというエレベーターもあります。ただ、現在は故障なく使えていても、純正部品の製造は25年程度で終了してしまいますので、次に大きな故障があった際にはいよいよ動かなくなる恐れがあります。また、技術の進歩が目覚ましく、最新の機器の省エネ効果は素晴らしいので、電気代などのランニングコストの面からも今の部品のまま使い続けることが賢いとは限りません。

こうなるとやはり考えなければならなくなるのが「エレベーターリニューアル」です。制御盤や巻上機などの大掛かりな取り替えを含む、大規模改修工事です。

我がＳＥＣエレベーターが、エレベーターリニューアルを手がけるようになったのは、１９８０年ごろのことです。

実際問題、エレベーターリニューアルには、通常のメンテナンス作業以上に高度な知識と経験が求められます。制御盤を独自に用意しなければなりませんし、巻上機も、取り替える場合は自前で用意しなければなりません。カゴ内の操作盤や光天井《ひかりてんじょう》、乗り場階のボタン類も一新するので、最新のものを自社で用意しなければなりません。

このようにして、カゴ内の意匠（照明や床材・壁材など）や押しボタン、機械室の巻上機や制御盤をすべて自社製でまかなうので、当社は、もはや「メンテナンス会社」の枠を超え、「エレベーター製造メーカー」になっていました。エレベーター製造許可証も取得します。

その頃からさらに月日は流れ、2度目の東京オリンピックを目前に控えた現在では、リニューアルが必要なエレベーターがどんどん増えています。我がSECエレベーターでも、メンテナンスの仕事の比重は依然として高いものの、リニューアルの仕事が年々増加する傾向にあります。

エレベーターの技術会社として、我々が活躍する場面はこれからも増え続けていくことでしょう。

■本社ビル取得、そして全国展開へ

当社が、本当の意味で拠点を手にしたのは、1985年のことです。東京・御徒町にある佐竹商店街近くの3階建てのビルを購入し、本社ビルとしたのです。

これは、実に感慨深い出来事でした。

創業当初は自宅で緊急連絡を受けていました。当時数人いた社員との打ち合わせは、決まって新宿の喫茶店でした。朝と夕方に社員がいつもの喫茶店に集合し、打ち合わせをするのが日課でした。

ちょっと余裕のある日などは世間話などもして、「将来はトラック1台くらいは欲しいなぁ」とか「事務所を持てるようになりたいねぇ」などと、会社の夢を語り合ったものです。

その頃は本当に、自分たちが事務所を持てるようなるなんて思えなかったのですが、しかしそれは、意外に早く実現しました。計画的に、というよりも、必要に追われてです。

お客様が少しずつ増えてくると、24時間365日かかってくる緊急対応の電話を自宅では受けきれなくなります。そこで、渋谷のビルの一室を借りたのです。一時期はそこに、4人の社員がローテーションで泊まり込んだりもしました。

その後、会社組織になってからは、東京の神田にオフィスを構えて、少しずつ社員を増やしフロアも広げていきました。

その間18年。ようやく一棟のビルを買い取ったときの感動は忘れられません。私が42歳のときのことです。「拠点も定まったし、さらに頑張るぞ！」と、自社ビル越しに空を眺めたことを思い出します。

実際、当社はここからさらに前進していくことになります。ちょうど時を同じくして、東京以外の拠点での活動を始めたのです。

最初の拠点は、お隣神奈川県の横浜です。実はこの最初の拠点は、社員の自宅を「営業所」としたものでした。緊急連絡は東京の本社で受け付け、「営業所」にいる社員に現場急行を命じていくというスタイルを取ったのです。

エレベーターの故障の連絡が入れば、30分以内に駆けつけなければなりません。それで現地にあった社員の自宅を「営業所」としたわけですが、これは社員に負担がかかります。横浜の営業所単体で事業が成り立つように重点的に営業をして、管理台数を増やすようにしました。そうして、人的なローテーションができるように育てたのです。

横浜で経験を積んだ私は、間をおかず次のエリアに着手しました。東北の仙台です。

仙台は、岩手県出身の私にとって親近感のある都市です。

この後、さらに大阪、名古屋、札幌、福岡と拠点を増やしていき、ついには全国のネットワークを作り上げることができました。

本音を言うと、ビジネスの効率だけを考えれば東京のみで活動するのが最も効率的です。そのことは、横浜で苦労したときに実感をしました。「無理にエリア拡大をするのはやめておこうか」と何度も心が揺れたものです。

それなのになぜ全国ネットワークにこだわったのか？

それは、ひとえにお客さまのためでした。お客さまの中には、全国規模で展開されている企業もたくさんありました。個人のオーナーさんもいらっしゃいました。お客さまが口をそろえてこう言ってくださったのです。

「鈴木さん、大阪でも同じサービスをしてよ」

「ＳＥＣさん、当社は九州にも自社物件が幾つもあるんです。九州にも営業所を作ってくれませんか?」

社交辞令ではないと分かるお客さまの本心の言葉が、私の背中を押してくれたのはまぎれもない事実です。ともすればそこそこの成功を手にして満足しかけていた私に、お客さまは、視野を広げる機会をくださいました。

考えてみれば、そもそもエレベーター自体は全国津々浦々にあるのです。お客さま第一の精神で考えれば、メンテナンス料の高止まりに苦しんでいる全国のビルオーナー、管理会社のために、私はできるベストを尽くさなければなりません。もしそれができないのであれば、大手メーカーとあんなにも闘ったのは、結局は自分の小さな成功のためだったということになってしまうのです。ここは何度でも強調しますが、私は自分のために大手メーカーと闘ったのではありません。業界のおかしな慣習を正したいという義侠心から行動を起したのです。だからこそ私には、全国の皆さまのご不満を解消する責務があるのだと感じました。

その思いがあったからこそ、創業から30年で、北は北海道、南は沖縄まで、全国どこでもメンテナンスを請け負える体制を作れたのだと思っています。

■開発力でも負けたくない

それにしても、科学技術のここ50年の進歩には驚くばかりです。

そろばんが電卓になり、手書きで書いていたものがワープロに、郵便で送っていたものがＦＡＸで送られるようになります。

１９９０年以降はさらに技術革新が加速し、携帯電話を全員が使うようになり、ウィンドウズが発売されると事務作業はすべてパーソナルコンピューターで行うようになりました。インターネットが世の中の隅々まで行き渡り、今では手のひらサイズのスマートフォンでありとあらゆることができてしまいます。

さて、エレベーターに関してはどうでしょうか。

ボタンを押してカゴを呼び扉が開いてカゴに乗り込む。目的階のボタンを押すと自動的に目的階に運んで扉が開く。

この一連の流れは50年前と全く変わっていません。ですから世の中には、「エレベーターというのは進歩がない乗り物だなぁ」「どのエレベーターも同じだなぁ」などと思っていらっしゃる方も多いのでしょう。

しかし実際は、この本をお読みになっている皆さまはすでにご理解されたように、エレベーターもこの50年で長足の進歩を遂げてきています。進歩がないように見えるのは、機械室や昇降路など、普段の利用では見えないところが多いせいなのです。

その進歩を作ってきたのは、言うまでもなくメーカー各社です。エレベーターの主要メーカーは、いずれも日本を代表するような大企業です。その各社では、優秀な技術者が、多くの開発費を使って新しい技術を研究しています。何とも頼もしい話です。

その豊富な資金力と優秀な頭脳に対し、我がＳＥＣエレベーターもひけを取るわけにはいきません。当社は「すべてのメーカーのエレベーターをメンテナンスします」を謳っている会社です。全てのメーカーのエレベーターを研究し、故障があれば対応できるようにしていくのは当然の責務です。

実はこの点において、当社には秘密兵器があります。それは、どんなエレベーターでも制御できる「オールマイティー基板」というものです。私はこれを開発するとき、「エレベーターの基本構造はすべて同じ」というところに着目しました。

先にご説明した通り、エレベーターの基本構造は、建築基準法で定められています。ですから、メーカーがどれだけ独自色を出そうとしても、ベース部分を変えることはできないのです。そのことを逆手に取り、私はどの部分に共通点があるのかを研究し、ひとつの型を作ることができました。

こうした開発は、恐らく、全てのメーカーの製品を研究し続けている我々にしかできないことでしょう。

ここまでスタッフたちがハイレベルになったのは、彼らが実地でもまれたからです。当社では全てのメーカーのエレベーターに対応しなくてならないので、メンテナンス員は否応なく勉強をしていかなければなりません。従って、エレベーターに関する知識量も多く、また、「考える力」も身に付いています。自分の目で見て、手で触り、時にはメンテナンス員同士で議論を交わしながら、自分たちで考えていくことが習慣化しているのです。

とりわけ、初めて起こる不具合の現象には、「なぜこの不具合が起こったのか」を根本的に考えなければ対処ができません。全てのメーカーのエレベーターに対応しなくてはならない、という状況が、常に私たちを鍛えてくれています。

■スキルの水準を保つ努力

先に触れましたが、SECエレベーターの社員数は約1000名です。私一人で仕事をしていた時代、あるいは私が直接社員の指導をできていた時代は問題がありませんでしたが、今では、数百人の技術員のレベルを保ち、また向上させるために、何らかの仕組みが必要です。精神面は「社訓」の教えでカバーできていると思っていますが、技術力は別の話です。

そこで当社では、技術水準を保つためにいくつかの方策を実施しています。

そのひとつがISO9001の取得です。

ISO9001とは品質マネジメントシステム（Quality Management System）のことであり、エレベーターの技術向上に直接関わるものではありません。品質マネジメントをもう少し説明すると「よい製品（サービス）を作る（提供する）ためのシステムを管理すること」

となります。

よい製品やサービスを提供することで、「お客さまに満足してもらうこと」イコール【顧客満足】につなげていく。その仕組みづくりが適正であると認められれば、ＩＳＯ９００１を取得（継続）することができます。このＩＳＯ９００１を取得継続していくことのプロセスにおいて技術力を向上させる効果があると考えています。

少し似たような認証になりますが、ＯＨＳＡＳ１８００１という規格の認証も受けています。

ＯＨＳＡＳ１８００１は、従業員の健康や安全を精神的な側面を含めて守る仕組みづくりができているかどうか

ISO 9001
マネジメントシステム登録証

登録証番号：JQA-QM4376

登録事業者：
エス・イー・シーエレベーター株式会社
東京都台東区台東３丁目１８番３号

当機構は、上記事業者の品質マネジメントシステムを審査した結果、付属書に記載する範囲において、下記規格の要求事項に適合していることを証します。

ISO 9001 :2008 ／ JIS Q 9001 :2008

登録日　：2000年 2月 18日
登録更新日　：2016年 3月 4日
有効期限　：2018年 9月 14日

一般財団法人 日本品質保証機構

JQA

OHSAS
マネジメントシステム登録証

登録証番号：JQA-OH0077

登録事業者：
エス・イー・シーエレベーター株式会社　本社
東京都台東区台東３－１８－３

当機構は、上記事業者の労働安全衛生マネジメントシステムを審査した結果、付属書に記載する範囲において、下記規格の要求事項に適合していることを証します。

OHSAS 18001 :2007

登録日　：2005年 1月 7日
登録更新日　：2017年 1月 7日
有効期限　：2020年 1月 6日

一般財団法人 日本品質保証機構

JQA

ＩＳＯ・ＯＨＳＡＳの認定書

を公的な機関が審査します。

1. 職場における設備や機器、作業のやり方について労働災害の原因（危険源）を洗い出して、それらがどれくらい危険かを判定する。
2. 判定した結果、危険を減らす対策を施したり、管理手順を定めたりする。
3. それらをきちんと守ってもらえるよう従業員を教育する。
4. 実際に守っているかをチェックする。
5. チェックした結果を安全対策や管理手順に反映させる。

といったことができているかどうかが審査基準です。

こちらもISO9001と同様に、この認証を受けていることが技術力の証明とは直接リンクしないのですが、この認証を取得継続させていくプロセスの中で強い組織が作られ、結果的に社員のレベルがアップすると考えています。

直接的な技術力の向上の手段としては、研修センターでの座学と実習機を使っての研修プログラムがあります。東京のメンテナンス員だけでなく、全国の技術者を対象として研修を行います。

当然ですが、この研修と並行しながら日頃のメンテナンスの仕事をこなし、緊急対応もこなします。ともすると、日常業務の忙しさにかまけて研鑽の努力を怠ってしまいがちですが、当社の仕組みとして常に技術力を向上させる努力を続けており、それがお客さまの信頼を勝ち得ている源なのだと考えています。

■安全は「止めること」が基本中の基本

エレベーターには何重もの安全装置が付いており、例えばロープが切れたり、何らかの不具合でエレベーターが異常な速度で上昇・下降してもカゴが落下したりすることはありえない——。そのことについてはこの本を読んでいただいた皆さんならばご理解いただいていると思います。

ただし、その安全装置の多くが電気的に判断してカゴを静止させるものです。

この場合、電気的に「ブレーキをかけなさい」と命令するのですが、それは当然ブレーキが正常に働くという前提のもとに命令が出されています。巻上機のマシンブレーキは、そういった安全装置の前提になる最も重要な部品といえます。

それでは、そのマシンブレーキが何らかの原因で故障し、無力化されていたらどうなるのでしょうか?

実は、このマシンブレーキの故障が、エレベーターの故障の中で最も重大な事故を起こす可能性のあるものです。ですからメンテナンス員はこのブレーキを入念にチェックします。ブレーキパッドのすり減りを確認し、異音がないかチェックし、異常な熱さになっていないか直接触ってみるなど、最も神経を使って確認するのです。

しかし、どんなに異常を確かめても突発的な故障を起こす可能性はゼロではありません。国土交通省でもその危険性に気づき、２００９年には「ブレーキの二重化」を義務づけました。「機械的に独立したブレーキ装置により、万が一片方のブレーキが故障した時に、もう一方のブレーキ装置で制動力を確保して確実にカゴを制止させる」という、構造の規制です。

しかし、実は私は、国がこのブレーキの二重化を義務づける前から、その必要性を感じていました。現実に、義務化以前からブレーキ二重化を施した巻上機の開発を進めていたのです。完成したそれは、結果的には義務化されたものと同じような仕組みで、ブレーキアームをふたつ取り付けていました。ふたつのダブルブレーキを取り付けることから、当社では、「〝2〟（ツー）ダブルブレーキ」と名付け実用新案登録しています。

詳しい仕組みについては省略しますが、究極の安全性を追求した製品です。

この巻上機は、ほかの何よりも雄弁に、当社の安全への思いを証明してくれていると思っています。私たちは、法律が改正されてから後追いで開発したのではなく、必要性を自ら感じて安全性を確保したのです。業界をリードし、法規制に先んじて高い安全性をもった製品を開発できたことに、密かな誇りを持っています。これから先も、「安全」のために、社員一丸で邁進していく所存です。

あとがき
SECエレベーターの未来は

これだけ出版物が次々と生まれる世の中で、どういうわけか、エレベーターについて親しみやすくまとめた書籍というものはほとんどありませんでした。業界一筋の私としては、ずっと歯がゆい思いでその状況を見ていました。

「だったら鈴木さん、あなたが書きなよ。ほかのだれよりもエレベーターに詳しいのだから」

ある飲み会で、そんなふうに話を振られたのが、本書執筆の動機です。いざまとめようとすると慣れないことで大変でしたが、そんな苦労の産物が、少しでも皆さまの参考になったならうれしく思います。

◇

さて、本書の最後に、私が経営するSECエレベーターの今後について、少し書かせていただきます。

おかげさまで当社はこのたび創業50周年を迎え、全国的に広く認知していただけるようにもなりました。

２０１０年代に入り、ＳＥＣエレベーターのメンテナンス・リニューアルは業界の中でも一定の評価をいただいており、（私個人的には「もっともっと」という思いもありますが）、会社としても安定した経営ができているといっていいでしょう。これもひとえに私たちを信じて仕事を任せていただいているお客さまと、社員皆さんの頑張りのおかげであります。

エレベーターの事業については、現在進行形で開発を進め、研鑽を重ね、努力を怠ることがないように会社をあげて取り組んでいます。今後もさらなるスキルアップ、サービス強化をお約束します。

一方、エレベーター事業とは別で、お客さまからのご要望により、当社ではいくつかの新しい分野に取り組んでいます。

その中でも、とても将来性を感じているのが「小型のゴミ焼却炉」の事業です。

この焼却炉は、小型ながら燃焼効率が抜群に良く、ダイオキシン等の有害物質をほとんど発生させずにゴミの焼却処理をすることができます。ダイオキシンの排出量は、排ガスでは国の定めた基準の五分の一以下。焼却灰に至っては基準の数千分の一です。

現在でも改良中ですが、製品として完成して量産化されれば、我が社にとって大きな財産になるだけでなく、世界中のゴミ問題を解決する切り札になるのではないかとさえ考えています。現にゴミ問題で悩む中国から非常に大きな関心を寄せられているのです。

この焼却炉の事業の他にも、デジタルサイネージ事業・LED照明事業・太陽光発電事業など、一見エレベーターとは関係のなさそうな事業にも取り組んでいます。しかしこれらは全て、お客さまのニーズに応えて事業化したものです。しかもCO2の削減を始めとして、社会そのものに貢献できる事業ばかりです。

やはり私は、「お客さま第一」で「社会に貢献できる」仕事が好きなのです。50周年を迎えた我がSECエレベーター。創業間もない頃に初めてオフィスを構えた東京・神田の地で、そのオフィスは何倍にも大きくなりました。

もちろんこれからもエレベーターの事業が中心であり続けることに疑いはありません。しかし、このエレベーター事業に匹敵するような新しい分野の事業が生まれてくることを一方では期待しています。

私が24歳で創業してから50年経ち、年齢も74歳になりました。しかし私は未だに創業当時の熱い想いを持ち続けています。既成概念にとらわれず、社会の変化についていく。それだけでなく自ら社会に変革を起こしていくような第二の創業ができるのならばこれに勝ることはありません。

皆さまもぜひ、これからのＳＥＣエレベーターにご期待ください。

◇

末筆ではありますが、本書の企画段階から親身に相談に乗ってくださり、助けてもらった社員や関係者の皆さまに謝意を表します。

こうした素晴らしい方々と共に、50周年の節目に出版できたことを心から感謝します。

２０１７年９月

【参考文献】

『エレベーター・エスカレーター入門』 竹内照男・広研社

『イラストでわかる建築電気・エレベータの技術』 中井多喜雄・学芸出版社

『宇宙エレベーターの本〜実現したら未来はこうなる』 宇宙エレベーター協会・アスペクト

『宇宙エレベーター その実現性を探る』 佐藤実・祥伝社新書

『史跡名勝常盤公園内好文亭及び庭園復元工事報告書』 茨城県

『浅草十二階・塔の眺めと〈近代〉のまなざし』 細馬宏通・青土社

『大阪モダン通天閣と新世界』 橋爪紳也・NTT出版

『通天閣30年のあゆみ』 通天閣観光株式会社

『トピックス＆エピソード世界史大年表』 ジェームズ・トレーガー・鈴木主税訳・平凡社

【参考にしたホームページ】

エス・イー・シーエレベーター株式会社 http://www.secev.co.jp/

国土交通省 http://www.mlit.go.jp/

東京スカイツリー http://www.tokyo-skytree.jp/

科学技術館 http://www.jsf.or.jp/

横浜ランドマークタワー http://www.yokohama-landmark.jp/page/

文化遺産オンライン http://bunka.nii.ac.jp/index.php

東華菜館 http://www.tohkasaikan.com/

そのほか、エレベーターメーカーの公式ホームページを参照しました

技術屋が語る
ユーザーとオーナーのための
エレベーター読本

２０１７年９月29日初版発行
２０１７年11月21日２刷発行
定価１４００円＋税

著　者　鈴木孝夫
パブリッシャー　木瀬貴吉
装　丁　安藤　順

発行
ころから
〒115-0045
東京都北区赤羽1-19-7-603
TEL 03-5939-7950
FAX 03-5939-7951
MAIL office@korocolor.com
HP http://korocolor.com
ISBN 978-4-907239-26-8
C0052

鈴木孝夫　すずき・たかお

1943年岩手県生まれ。三菱系エレベーター会社を経て1967年に独立創業し、鈴木エレベーター工業（現在のSECエレベーター）を1970年に設立。独立系エレベーター保守会社という新しい業態を日本に誕生させる。エレベーターの構造を知り尽くす「技術屋」で、ビジネスの面でもエレベーター業界の風雲児として活躍する。